美味吐司

的无限可能

子　石/著

闫英丹　刘蓓蓓/摄　　影

王云鹏　宋丽丽/操作助手

海峡出版发行集团
THE STRAITS PUBLISHING & DISTRIBUTING GROUP
福建科学技术出版社
FUJIAN SCIENCE & TECHNOLOGY PUBLISHING HOUSE

图书在版编目（CIP）数据

美味吐司的无限可能 / 子石著. —福州：福建科学技术出版社，2021.1（2023.12重印）

ISBN 978-7-5335-6282-3

Ⅰ.①美… Ⅱ.①子… Ⅲ.①面包－制作 Ⅳ.①TS213.2

中国版本图书馆CIP数据核字（2020）第211065号

书　　名　美味吐司的无限可能
著　　者　子石
出版发行　福建科学技术出版社
社　　址　福州市东水路76号（邮编350001）
网　　址　www.fjstp.com
经　　销　福建新华发行（集团）有限责任公司
印　　刷　福州德安彩色印刷有限公司
开　　本　787毫米×1092毫米　1/16
印　　张　13.5
图　　文　216码
版　　次　2021年1月第1版
印　　次　2023年12月第4次印刷
书　　号　ISBN 978-7-5335-6282-3
定　　价　65.00元

书中如有印装质量问题，可直接向本社调换

前言

　　还记得去年，我的第一本书《软欧面包轻松做》出版前，因为没有写书的经验，而且只能从假期里挤时间来拍摄、写作，所以交稿拖了很长一段时间。当时感觉很不好意思，好在编辑很有耐心，给予了我很多的理解，并鼓励我说："老师，第一本书出版后，你一定会写第二本。"我当时没太当真。直到 4 个月后的一天，编辑再次联系我，告诉我书籍要准备二次印刷了，这是我始料不及的，没想到一本简单的软欧书能获得这么多人的青睐……

　　抑或是回应，我开始了撰写吐司书的计划，也应验了编辑的那句话。这虽然不是一件必须要做的事，但依然是一件很有意义的事。现在回头来看，这其中应该还是读者给予我的支持和推力，还有 10 余年来自己与面包的不解之缘。软欧书出版到现在一年多，我对面包的热爱依然不减，虽然日程表里常常会把做面包安排在最后一位，但只要能抽出"一炉"的时间，我都会满怀激情、迫不及待地享受揉面、发酵、整形、烘烤的全过程，感受它带给内心的宁静与充实。

　　去年 9 月，"麦田里"开业了，爱人辞去了自己的工作，专门负责打理店，为我提前实现了"退休后的梦想"，而我热爱的面包，成为了一家人幸福的寄托。面包做得越多，越喜欢把一类面包尽力研究到"极致"。这两年，我把业余时间专注于吐司，大的、小的，长的、方的，原味的、带馅的，甜的、咸的，这个铁盒里烘焙出的美食一次次带给我不同的惊喜和兴奋。今年初的新冠肺炎疫情，再一次使我们懂得活在当下比一切都重要，要学会享受经历和过程带来的心茧和蜕变。虽然随着年纪的增长，梦想不再轻盈，但坚持和执着却是另一番风景……很喜欢 Cycle&Cycle 面包房的那句"我于面包是生生不息的热爱，面包于我是日日陪伴的长情"。生活总是随着时间的流逝慢慢归于平淡，但热爱却会在平淡的生活中偶尔荡起涟漪。

很多人觉得吐司简单，也有人觉得吐司做起来不太好拿捏。其实简单也好，不好拿捏也罢，只有通过实践，用心感受面粉、面团，体验烘焙过程的每一个细节变化，才会真正读懂面包的学问，感受吐司带给生活的乐趣，爱上这种平淡朴实却耐人回味的美味。一个面包就是一种生活，制作面包本无定律遵循，用个性的思想去展现，才有生命和灵性。所以，不必因为无法做出和别人一模一样的面包而庸人自扰。

在写这本书时，我尽量专注一些细节，尤其在理论部分。书中各款吐司虽然制作的过程大致相近，但每一款都有自己的特点，很多款吐司是对一些当下流行吐司理解的呈现，也有一些是个人想法累积的总结，还有些会对制作者实力构成一点挑战。初学者要完全掌握这些可能会有些困难，但还是希望大家都能试一试，因为很多所谓的困难，其实是一个小小的瓶颈，一旦跨过了，将会有一个新的认识和提升。面包的世界五彩斑斓，捕捉一种色彩也是乐趣所在。

这本书能呈现在各位读者的面前，还要感谢王后面粉、三能器具、北鼎烤箱、阿诗顿厨师机、新艾瑞斯电器的大力支持，感谢本书编辑陈滢璋，摄影师闫丹、蓓蓓的倾力帮助，感谢家人、朋友和同事默默的支持和关注。最后，希望这本书能够为烘焙爱好者带去一些启迪和帮助。书中有不足之处，还请广大读者批评指正。

子石

2020.7

2 纯味吐司

至纯吐司
直接法
146

日式生吐司
直接法
150

日式高级白吐司
直接法
154

法式吐司
法式老面法
158

牛奶吐司
中种法
162

炼乳吐司
直接法
166

豆浆吐司
直接法
170

双种吐司
双种法
174

温泉养乐多吐司
液种法
178

布里欧修吐司
法式老面法
182

德式奶油吐司
直接法
186

30% 全麦烫种吐司
烫种法
190

3 花式吐司

日式提子吐司
双种法
/96

百香菠萝吐司
直接法
/100

枫糖核桃吐司
直接法
/104

紫米吐司
烫种法
/108

日式南瓜吐司
直接法
/112

玉米吐司
直接法
/116

黄豆荔枝吐司
直接法
/120

金瓜薯薯吐司
烫种法
/124

百变香芋吐司
直接法
/128

香肠焗土豆吐司
直接法
/132

桂花黄米吐司
直接法
/136

摩卡咖啡吐司
直接法
/140

伯爵红茶吐司
烫种法
/144

冲绳黑糖吐司
双种法
/148

抹茶雷神吐司
烫种法
/152

巧克力雷神吐司
烫种法
/156

抹茶梦龙吐司
烫种法
/160

巧克力梦龙吐司
烫种法
/164

蟹蟹烧吐司
烫种法
/168

蒜香芝士吐司
烫种法
/172

海苔肉松吐司
直接法
/176

奥利奥吐司
法式老面法
/180

焦糖苹果吐司
直接法
/184

肉桂葡萄吐司
直接法
/188 ▶

酸奶菠萝吐司
直接法
/192

抹茶千层吐司
折叠法
/196

飓风吐司·巧克力款/抹茶款
折叠法
/200 ▶

粉色佳人吐司
液种法 + 折叠法
/206

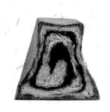

玫瑰蜜豆跳箱吐司
直接法
/210

认识吐司

纯美之味
吐司的由来
吐司的标准

纯美之味

法国的长棍、意大利的恰巴塔、德国的布雷结、英国的白吐司、日本的红豆包、美国的肉桂卷……不同的国家都有自己独特的面包文化，相对来说，吐司可能是其中最朴实无华的一类了。但从西方到东方，从古至今，这款"铁盒里烘焙出的美味"一直被摆在面包流行的"C位"。最近流行的日本烘焙店"乃が美"的生吐司就在烘焙圈里吹起了一股风潮，它不含馅料，使用简单但考究的材料制作面团，使大家仿若再次尝到了"小时候的味道"，那种留在唇齿间的回甘纯味，就是吐司的一种完美诠释。

"Change and remain unchanged"，吐司里蕴藏着"变与不变"的哲学智慧，它简单的外表下有无限的可能性，可以与任何食材搭档为伍，值得每个烘焙人细究。

吐司的由来

英文中的"toast"来源于拉丁语的"tostum"，意思是"烤"。19世纪60年代，英国人将面团用不加盖的长方体模具烤制，成品面包顶部如山形自然蓬起，英国人称之为山形吐司（white pan bread），法语称作 pain de mie（庞多米）。随着英国的人口扩张，这种面包传到了美洲大陆，由于美国人喜欢用面包夹着肉片吃，为了获得方便的形状，他们在吐司的模具上加了盖子，烤制出方形吐司（也称角形吐司）。

随着全球化的进程，吐司传到日本，由于日本人较偏好柔软的口感，所以他们往面团中添加糖、油、蛋、奶等材料，将吐司改良得更为柔软，化口性更好。知道北海道吐司吗？它就是日式吐司的经典代表。在日本，吐司被叫做"食パン"，吐司的售卖情况经常是衡量一家面包店水平的指标，在这个烘焙国度，白吐司在整个面包市场的占有率约60%，是仅次于米饭的主食，可见日本人对吐司的喜爱。日本匠人不断尝试各种原料、配方、制程，把吐司中自然的风味进行最大化的呈现，创造出一款款名品。

现在，吐司在中国也受到大众欢迎。近几年，吐司文化更是发达，"爸爸糖手工吐司""司乎""糖涩"等吐司专门店相继在多个城市出现，那里的各式吐司凝结了世界上优秀品种的精华，又结合国人需求作了改良，为面包市场带来新的气象。

从整个面包的历史来看，吐司已然是一种世界性的食物了。相信随着国人对健康饮食的追求，吐司风潮会越刮越浓……

吐司的标准

记得有次我和几个焙友交流，大家提出一个关于标准吐司的问题，有人说"我不关心什么标准，只要好吃就行"。我想，每个人对于"好吃"都有自己的口味评价，要制订"标准"，其实是难上之难。从制作的角度，由于原料、做法不同，每一个烘焙者做出的吐司也不会一样。但是，公认的好吐司，还是有一些相似的特征，下面我就从外到内、从视觉到口感来说一说山形吐司和方形吐司这两类吐司的特点。

形状

标准的方形吐司出炉后应该方方正正的，两头及中间高度一致，没有高低不平或边缘低垂的现象。顶部四周有 5 ~ 10mm 的"白色"圆边，俗称"黄金线"。

山形吐司的"山丘"边缘则有稍微的弯曲，不是完全笔直。在顶部四周，有 10 ~ 20mm 宽的"涨痕"，这是面团膨胀后撕裂的痕迹。

| 方形吐司

| 山形吐司

颜色

吐司表皮的颜色来自高温下面粉的梅纳反应和糖的焦化反应，正常应是金黄色，没有焦黑，顶部较深而四边较浅。

吐司内部的颜色应为乳白色、有丝样的光泽；鸡蛋和黄油用量在 20% 以上的吐司内部则为浅黄色。

组织

标准的吐司，应该是皮薄"肉多"，掰开后有细细的拉丝感，组织结构相互连通，纹理顺，孔洞规则且均匀。

山形吐司由于没有盖子的阻碍，面包组织会比较蓬松、轻盈，孔洞大小均匀。

方形吐司由于受盖子压，抑制了膨胀，所以面包组织扎实、细腻，孔洞小。另外，方形吐司带盖密闭烘烤，水分相对不易流失，组织含水量较山形吐司稍高一些。

手感

用双手按压吐司的表面，合格的吐司应有回弹松软的感觉——按下去后很快会恢复形状，不会凹陷；吐司的底部会略硬一些，支撑着整个面包的重量。

香味

合格的吐司有面包特有的香气，不能有正在发酵或酒精的气味。面包的香气包括表皮的糖经过烘烤产生的焦香味，面粉经过发酵和烘烤后产生的风味等。

口感

好的吐司入口不应粘牙、容易嚼烂，不能有陈腐酸味或正在发酵的味道。

白吐司入口咀嚼时略有咸味。

山形吐司顶上的"山丘"表皮酥脆，组织较粗，口感更松散；方形吐司口感绵密、温润，入口即溶。

1/ 烘焙基础

了解原料

基本工具

吐司基本工序

面团的不同做法

天然酵种的做法

了解原料

读懂面粉

面粉是面包的基础。在接触面包烘焙初时，我常有这样的疑问：形形色色的面粉到底性能相差多大？不同品牌的面粉对于制程和成品有什么影响？相差无几的蛋白质、灰分含量对于一款面粉的影响真的那么大吗？带着这些疑惑，这些年我尝试了各式各样的面粉，王后、金像、伯爵、日清、新日清、巴赫、昭和、鹰牌、凯萨琳、水手……如果说面包烘焙是一场充满未知的探险，那么选择和驾驭一款面粉就是这场探险中最有意思的部分。

小麦的组成

面粉是小麦研磨后的产物。

小麦主要由麸皮、胚乳、胚芽 3 部分组成，这 3 部分犹如鸡蛋的外壳、蛋白、蛋黄。

作为外壳的麸皮约占 13% 的质量；胚乳富含淀粉和蛋白质，约占 85%；胚芽富含维生素 B1、维生素 E 等，约占 2%。

面粉的成分

通常的小麦面粉在加工过程中会去除麸皮和胚芽，只保留胚乳，粉质比较细腻；全麦面粉则保留了整粒小麦的成分，即还包括麸皮和胚芽，粉质比较粗糙。

面粉的主要成分包括：脂肪、灰分、纤维、蛋白质、淀粉、水分等。那么，面粉中的这些成分在制作面包时，都起到哪些作用呢？请看下面这张图。

面包的制作过程由面团的搅拌、发酵、烘烤三个重要环节组成。

在搅拌过程中，面粉蛋白质中的麦谷蛋白和醇溶蛋白与水中的氧气发生"水合作用"失去氢原子，然后两个氢硫键拉手结成一个双硫键，在整个面团里就形成了具有包裹气体能力的面筋（有一定的弹性与黏性）。

在发酵过程中，糖为酵母提供营养来源，但糖在配方中的用量并不多，所以，面粉自带的酵素（淀粉酶）和酵母分泌出来的酵素会一步步损伤淀粉，将其分解为麦芽糖来补充。

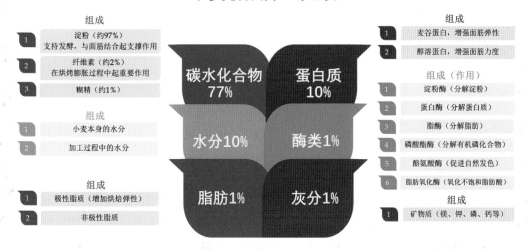

小麦粉成分（大致）

碳水化合物 77%
组成
1. 淀粉（约97%）支持发酵，与面筋结合起支撑作用
2. 纤维素（约2%）在烘烤膨胀过程中起重要作用
3. 糊精（约1%）

蛋白质 10%
组成
1. 麦谷蛋白，增强面筋弹性
2. 醇溶蛋白，增强面筋力度

水分10%
组成
1. 小麦本身的水分
2. 加工过程中的水分

酶类1%
组成（作用）
1. 淀粉酶（分解淀粉）
2. 蛋白酶（分解蛋白质）
3. 脂酶（分解脂肪）
4. 磷酸酯酶（分解有机磷化合物）
5. 酪氨酸酶（促进自然发色）
6. 脂肪氧化酶（氧化不饱和脂肪酸）

脂肪1%
组成
1. 极性脂质（增加烘焙弹性）
2. 非极性脂质

灰分1%
组成
1. 矿物质（镁、钾、磷、钙等）

在烘焙过程中，面筋中的水分排出，使健全的淀粉湿润、膨胀、糊化，面团烘烤成为面包后，内部的支撑结构就由面筋改变为这些糊化的淀粉。

由此可见，面包制作的全过程，都有面粉中各项成分的参与。

面粉的分类

在中国，面粉常见以蛋白质或灰分的含量来分类。

●依蛋白质含量

"盖房子"理论是对面包制作最形象的比喻，面包的膨胀，一靠发酵过程中酵母代谢产生气体，二靠有良好的面筋把气体包裹住。而面粉中的麦谷蛋白和醇溶蛋白就分别对面筋的弹性和黏性起关键作用。所以在面包烘焙中，我们经常会体会到，面粉的蛋白质含量如有些许差别，做出的面包在体积和口感上都会有较大的区别。

蛋白质含量不同的面粉名称和特点

种类	高筋粉	中筋粉	低筋粉
蛋白质含量	11.5% ~ 14.0%	8.0% ~ 11.0%	7.5% ~ 9.5%
面筋量	多	普通	少
粒度	粗	中间	细
小麦的种类	硬质	中间 硬质	软质
用途	做面包	做面食、中式包子	做蛋糕、甜点

●依灰分含量

灰分是指面粉经600℃高温燃烧后将会剩余的物质，主要是镁、钾、磷、钙等矿物质。灰分大部分来自小麦的麸皮，小麦越靠近内芯则灰分越少。面粉如灰分含量高，则颜色越深。灰分含量高的面粉含有更多的矿物质和纤维，矿物质会为酵母发酵提供更多的催化剂，纤维能增强面粉的味道，使面包的口感更朴实，色泽和味道也会有较大的变化。

法国面粉以灰分含量来分类，有关标号以"T"（"Type"的缩写）开头，后面的数值表示灰分含量。

灰分含量不同的面粉标号和特点

标号	灰分	研磨比例	备注
T45	< 0.50%	67% ~ 70%	白面粉，糕点、面包用粉
T55	0.50% ~ 0.60%	75% ~ 78%	白面粉，面包用粉
T65	0.62% ~ 0.75%	78% ~ 82%	白面粉，面包用粉
T80	0.75% ~ 0.90%	82% ~ 85%	淡色全麦面粉
T110	1.00% ~ 1.20%	85% ~ 90%	全麦面粉
T150	> 1.40%	90% ~ 98%	深色全麦面粉
T70	0.60% ~ 1.00%		特淡裸麦面粉
T85	0.75% ~ 1.25%		淡色裸麦面粉
T130	1.20% ~ 1.50%		深棕色裸麦面粉
T170	> 1.50%		深黑色裸麦面粉

面粉的品牌

不同品牌的面粉因小麦种类不一、研磨工艺不一，而含有不同的蛋白质、灰分，各有特点。以下根据笔者经验，提供国内市场上一些面粉的特性，供读者参考。

王后面粉 ——始创于加拿大，国内制造

王后日式面包粉

蛋白质：13.2%　　灰分：0.47%

特点：柔软，高吸水性，吸水率高，吐司用粉

王后特制全麦粉（粗）

蛋白质：13.8%　　灰分：2.2%

特点：颗粒粗，麦香浓郁

王后精制高筋小麦粉

蛋白质：12.8%　　灰分：0.49%

特点：稳定、耐打，吸水率高

王后精制低筋粉

蛋白质：8.5%　　灰分：0.4%

特点：口感细腻，蛋糕、饼干用粉

王后柔风甜面包粉

蛋白质：14.8%　　灰分：0.49%

特点：吸湿性好，稳定性好，柔软

王后日式吐司粉（家庭装）

蛋白质：14.1%　　灰分：0.42%

特点：洁白，弹性佳，延展性好，吸水率高

王后柔风吐司粉

蛋白质：13.2%　　灰分：0.45%

特点：细腻，柔软，弹性强，延展性好

王后柔风吐司粉（家庭装）

蛋白质：13.2%　　灰分：0.45%

特点：细腻洁白，延展性好，易操作

王后柔风法式面包粉

蛋白质：11.2%　　灰分：0.42%

特点：颜色洁白，延展性好，易操作

王后硬红高筋粉（家庭装）

蛋白质：12.5%　　灰分：0.48%

特点：吸水率高，锁水性好，口感细腻

日本制粉 —— 日本三大制粉品牌之一

面粉名称	蛋白质	灰分	特性
拿破仑法式面粉	11.8%	0.41%	吸水性好，外脆内软，麦香足
凯萨琳吐司面粉	11.8%	0.35%	组织松软，口感细腻
鹰牌高筋面粉	12.0%	0.37%	吸湿性好，组织细腻，搅拌稳定
钻石牌低筋面粉	8.80%	0.40%	蛋糕饼干粉，颗粒小，入口即化

日清制粉 —— 日本三大制粉品牌之一

面粉名称	蛋白质	灰分	特性
山茶花强力粉	11.8%	0.37%	机械性好，吐司、甜面包用粉
百合花法国粉	10.7%	0.45%	日式法粉，麦香足
紫罗兰低筋粉	7.10%	0.33%	口感轻，化口性佳

昭和制粉 —— 日本三大制粉品牌之一

面粉名称	蛋白质	灰分	特性
先锋高筋面粉	14.5%	0.50%	弹性强，延展性好，体积大
特级霓虹面粉	11.7%	0.35%	口感细腻，入口即化
霓虹吐司面粉	12.2%	0.46%	组织细腻，化口性佳，颜色好
CDC 法国面粉	11.2%	0.42%	表皮薄脆，断口性佳，回甘

吐司面粉的选择

选择面粉绝对是烘焙人面对的既有趣又颇具挑战性的课题。很多人认为蛋白质含量越高越好，其实不然，这里面仁者见仁、智者见智，尝试用不同面粉烘焙出自己喜欢的口感，才是我们对面包烘焙过程需要有的执念。

现在，更多的烘焙人重视吐司的口感，所以面粉"唯蛋白质论"已不再是主流，但笔者有两点可以请大家特别注意：一是如果选择手工揉面，建议使用蛋白质含量较高的面粉；二是如果制作烧减率（面团在烘烤后因水分蒸发而丧失的重量比）较低的带盖吐司，建议选择灰分较低的面粉。当然，也可以将不同的面粉混合搭配使用，让不同的面粉在吐司制作中发挥不同的特性，做出属于自己的风味。

本书使用的面粉主要是王后品牌的柔风吐司粉和硬红高筋粉，以及巴赫 T55 法国面包粉。

细说酵母

酵母赋予了面包生命，启动它的性格、脾气，等待制作者的默契相处。酵母本身也富含优质蛋白、氨基酸和维生素，是天然均衡的营养源。许多烘焙人在经历了数次面包制作后，常有这样的心得："好的面粉也有可能烤不出好的面包"，原因之一就是缺乏对酵母的了解。

酵母的新陈代谢

酵母是一种单细胞、兼有好氧性与厌氧性的真菌，存在于空气中、水中、果皮上、谷物表面等日常的各处。酵母只在有氧的环境下才进行大量的繁殖；而在无氧的环境下，它也能新陈代谢，此时产生风味物质，逐渐成为材料里的优势菌种，这个过程就是发酵。

酵母有氧代谢的产物 = 二氧化碳 + 水 + 热量

酵母无氧代谢的产物 = 二氧化碳 + 酒精 + 热量

所以，在面包制作过程中，酵母混入面团后，由于面团中有氧气，酵母首先进行有氧呼吸，产生二氧化碳、水和热量，使面团不断膨胀；当氧气耗尽后，酵母转而进行无氧呼吸，产生二氧化碳、酒精和热量。可见，"盖房子"理论中的气体就是酵母释放的二氧化碳，酵母产生的酒精为面包增添风味，发酵后面团温度的升高也与酵母代谢产热有关。

酵母产品的种类

●鲜酵母

一般是长方体的湿性块状产品，由酵母菌培养液经适度脱水而成，水分含量66% ~ 70%。鲜酵母具有很强的耐渗透压、耐高糖和耐低温的特性，一般以冷冻或冷藏保存，保存期一般为30~40天。

●干酵母

颗粒状，由酵母菌培养液经低温干燥处理而成。耐渗透压性能较弱。一般可常温保存，未开封时保质期约2年，开封后再保存则要密封、冷藏，最多再保存4个月。市售的干酵母主要有以下两种。

（1）常规干酵母：使用前须先浸泡在30~40℃的温水中，并在水中加入2%~5%的砂糖，搅拌之后静置10~15分钟以活化，再加入面粉中使用。

（2）即发高活性（速发）干酵母：不需要预先活化，可与面粉直接混合使用，非常方便。市售有耐高糖型（如"金燕"标志的）和低糖型（如"红燕"标志的）两种。

酵母的用量

酵母的数量影响着面团中的糖分解为二氧化碳的速度，也就影响着面包体积的大小。那么，酵母是不是放得越多越好呢？酵母量如果太大，那么它们的养分就相对缺乏了，这会导致短时间内产气量增多，面团气孔壁迅速变薄，面团持气性起先较好，但随着时间的推移，面团很快成熟过度，持气性急剧下滑。所以，烘焙面包的一条基本原则是：用最少的酵母来完成发酵。在面包制作中要控制酵母的使用量，一般情况下，鲜酵母的用量为面粉重量的 3%~4%，干酵母的用量为面粉重量的 1%~2%。另外，如果要在不同类型的酵母之间替换使用，可以参考下面的比例：鲜酵母：常规干酵母：速发干酵母 =1：1/2：1/3。

影响酵母活性的因素

温度 酵母的活动温度为 4~40℃，在此范围内，温度高，则酵母活性强；到 40℃以上，酵母活动又减慢，至 55℃以上，酵母死亡。适宜面团发酵的温度一般在 24~35℃之内，不要超过 38℃，如果温度过高，发酵将过速，面团未充分成熟，保气能力不佳，影响面包最终的品质。

pH 值 酵母菌最适宜的生存环境为弱酸性环境，pH 值为 4~6。

糖 糖是酵母可以直接食用的能量物质，所以配方中的糖有助于酵母在面包制作早期的快速生长繁殖。在糖消耗完后，酵母会分解淀粉为糖，继续食用。

渗透压 酵母细胞的外层细胞膜是半透膜，外界的高浓度溶液会向膜内渗透，影响酵母的活力。在面包制作中，形成这种渗透压的主要是糖、盐两种原料。当配方中的糖量超过 6%（以配方中面粉量为 100%，下同）时，便反而会抑制酵母的活力，当超过 10% 时，发酵速度明显减慢；盐的抑制作用更大，当配方中的盐量达到 1% 时，发酵即受影响，但这并非都不好，因为有时候正是要避免发酵太快。

生命基础——水

水是生命活动的基础介质，在面包制作过程中也一样：配方中的各种原料要靠水来溶解调和，面粉蛋白只有遇水才会形式面筋，干酵母只有遇水才会活化，烘烤时淀粉的膨胀和糊化也离不开水……

水的参数

制作面包使用的水一般来自自来水，也有烘焙人使用矿泉水或净化水。那么对于面包制作而言，什么样的水才最好呢？

●硬度

水的硬度取决于水中的钙、镁离子浓度，其单位用 mg/L 表示。一般 0~40mg/L 为很软的水，40~80mg/L 为软水，80~160mg/L 为中等硬水，160~300mg/L 为硬水。国内一般的自来水硬度为 80mg/L 左右。

硬度较高的水会使面筋变得更强劲；而硬度较低的水会使面筋变软，面团变得更黏。所以，我们可以善加利用这一特点来制作面包，如：在制作需要较强面筋的软质面包时，选用硬度较大的水来强化面筋；在制作硬质面包时，选用硬度较软的水抑制面筋的产生，使面包的品质更佳。

所以适合制作面包的水的硬度不一定，但一般使用硬度 40~120mg/L 的水，在这个区间内，再根据想要的成品特性进行选择。

用不同硬度的水制作吐司的效果

硬度	搅拌阶段	发酵阶段
0mg/L	搅拌时间长，面团延展性好但弹性弱	面团膨胀快，体积大，面筋持气力差
50mg/L	搅拌时间长，面团延展性好但弹性弱	面团膨胀快，体积大，面筋持气力稍强
100mg/L	搅拌时间短，面团弹性强于延展性	面团膨胀稍慢，体积大，面筋持气力强
200mg/L	搅拌时间短，面团弹性强，延展性弱	面团膨胀很慢，面筋紧缩，发酵效果差

● pH 值

pH 值为 5.5~6.5 的略带酸性（pH=7 为中性）的水被认为最适合做面包。水的 pH 值会影响酵母活性、乳酸菌活性、酵素作用以及形成的面筋性能等。国内的自来水一般为弱酸性（pH 值在 6.3 左右），而我们制作面包使用的大多数材料也是弱酸性（pH 值 6.0~7.0），一般搅拌后的面团 pH 值在 6.0 左右，发酵结束后面团的 pH 值在 5.5 左右。

面团的软硬度与吸水量

含水量越大，面团越软。而配方材料中除了水之外，其他材料的含水量也直接影响着面团的软硬。

不同材料的水分

材料	含水量	材料	含水量
牛奶	90%	淡奶油	50%
全蛋	70%	蜂蜜	20%
蛋清	88%	酸奶	80%
蛋黄	50%	黄油	15%

对于烘焙人来说，搅拌面团最难的地方就是把握面团的硬度。常有操作提示：可以通过加入调整水来控制面团的硬度。但这个度怎么把握呢？这就是"最适吸水量"的判断问题。实际上，面团所需的硬度因面包种类而不同，而面团吸水效果与配方、搅拌程度、发酵时间都有关系。所以，这个问题需要全面的把控，而一般情况下，面包的吸水量是面粉重量的64%~72%。

不可忽略的"盐"

"我要做的是一个甜面包，为什么配方里要放盐""盐会杀死酵母，能不能把配方里的盐减少一些"，我在和一些焙友交流时，他们会提出这样的问题，也有很多同学在列面包的基本原料时忽略了盐。其实，盐的用量虽然很少，但在面包制作中扮演的角色绝对能配得上"F4"的头衔。

盐的作用

面团搅拌阶段：不添加盐的面团会异常黏，没有弹性。因为盐可以协助水合作用的进行，促进面筋的形成，同时，促进面筋相互吸附，增加弹性。

面团发酵阶段：盐会造成较高的渗透压，抑制各种微生物，使得发酵速度降低，减缓了酵母消耗糖的速度；同时，也抑制了杂菌的繁殖。

整形阶段：不加盐的面团会变得非常疲软、黏手，操作性很差。

最后发酵阶段和烘烤阶段：无盐面包的最后醒发所需时间较短，但面筋疲软，导致烘烤时面团膨胀性差，且由于发酵过程中大量糖被消耗分解，最终面包无法呈现诱人的色泽。

成品阶段：无盐面包吃起来淡而无味，加盐后面包更有风味，内部组织更白、有光泽、结构细密。

用量

盐的用量通常为面粉重量的0.8%~2%。一般情况下，配方里的糖多，盐就会少；反之糖少盐就会多。

选择

市面上的盐种类很多，包括精制盐、海盐或者岩盐等。一般选择氯化钠含量在95%以上的精制盐。而使用海盐、岩盐会有更多的风味，因为它们含有一定的矿物质，没有经过碘化，口感更特别；但氯化钠的含量没有精制盐稳定，所以使用时需要注意。

"糖"都一样吗？

糖并不是面包制作所必需的基本原料，但效果也不容小觑。市面上糖的种类形形色色，它们都是什么来头？在面包中起什么作用？

糖的种类

糖可分为含蜜糖与分蜜糖，这种分法来自糖的制作过程——白糖的制作过程基本上是煮沸、提炼、结晶，在提炼阶段会分离出褐色液态的糖蜜，到最后结晶阶段就不含糖蜜了——这样就很明白了：含有糖蜜的糖叫含蜜糖，已分离糖蜜的糖称为分蜜糖。分蜜糖约占糖类的 90%，包括细砂糖、绵白糖、上白糖、三温糖等；而红糖或黑糖等属于含蜜糖。

在面包制作中，最常用的是白砂糖，其颜色洁白，颗粒如砂，纯度达到 99.45%，大家都很熟悉。这里着重介绍一下"上白糖""三温糖""液体糖"这三种国内不容易买到，但经常引起烘焙爱好者好奇的糖。

上白糖属于日本糖，里面含有转换糖浆（由蔗糖分子分解而成），加热时容易与蛋白质发生梅纳反应，从而让面包容易上色，并产生香味；而国内生产的绵白糖是制作成细粒白糖后，加入 2.5% 的转换糖浆制作而成。这样来看，日本的上白糖和国内的绵白糖有异曲同工之处，可以替换使用。

三温糖同属于日本制的糖，它是将纯蔗糖结晶后残留的糖液再经过三次加热结晶而制成，故名"三温"，因加热过程促使其焦糖化，三温糖的色泽为浅褐色。三温糖的甜味比白糖浓烈；其独特的焦糖香味可以增加面包的味道层次，而且使面包色泽更漂亮。在个别坚果类面包中，可以使用三温糖，使面包有浓浓的焦糖味，并让坚果更加香浓。

液体糖，近两年国内制糖商大力推广的一种新型烘焙用糖，以甘蔗汁为原料，通过复杂的制作工艺使糖与水分子结合制成，因其含糖浓度较白砂糖更高，可使面包制作过程更稳定，保湿能力更强，提升口感与风味。虽然是液体，但在面包制作中的使用量与白砂糖一样。

对于以上三种糖，如果想要制作出保湿性更好的面包，可以选择使用绵白糖或上白糖来搅打面团，如果想让面包表现出不一样的口感和色泽，可以选择三温糖或液体糖。当然，如果身边没有，也没有必要刻意追求。

糖的作用

· **促进酵母繁殖**：面团中的蔗糖能被酵母轻松分解成葡萄糖及果糖然后食用，为酵母提供能量，让它们在氧气环境中快速繁殖，为发酵做准备。

·**焦化作用：**糖在高温脱水后，会发生化学反应变成黑褐色，这有助于面包上色。糖多的面包，上色比较快，烘焙时间短，可以保存更多的水分在面包内，使面包更加地柔软。

·**改善面团的物理性质：**糖可以改善面团内部的组织结构，增加其延展性。

·**延长保鲜期：**糖有吸湿性及水化作用，能让面包在更长的时间里保持柔软。

油脂

种类和作用

面包烘焙常用的油脂从使用方式来分，可以分成两类：搅拌油脂和包覆油脂。搅拌油脂的使用方式就是投入面团材料中进行搅拌，包覆油脂是指在可颂、丹麦类面包制作中与面团进行层层折叠的油脂。

油脂能够增加面包风味、延缓面包老化，具体品种还有各自的特点。

● 搅拌油脂

搅拌油脂主要有块状黄油和液体油。

黄油是牛奶的提取物，主要包含了其中的脂肪成分。在面包制作中，加入黄油后搅打完成的面团，能够将面筋的网状结构包裹起来，增强面团的可塑性和延展性。

液体油最常用的是橄榄油，它可以滋润面筋组织，但起不到包裹面筋结构的作用，用橄榄油代替黄油的面团可塑性和延展性较差，只适合制作一些对膨胀度要求不高的面包。

● 包覆油脂

包覆油脂常见的是片状黄油，它有好的延展性，在低温环境里可支持反复延压操作，让面团和油脂多次层叠、压薄，最后形成"千层酥"的效果。

使用要点

● 投入时机

搅拌面团时，一开始就下油脂，会阻碍面筋形成，须耗时更长面团才可拉出膜；所以油脂一般在面团形成一定的面筋后再加入，这时可以起到强化面筋的作用。

但在油脂量低于面粉重量的5%、含水量较低的面团（如可颂、丹麦面团），油脂可以在搅打面团初期加入。

在油脂比例较大的面团（如布里欧修面团），面团形成一定的面筋后，尽量分次加入油脂，以使搅拌更均匀。

●状态

油脂（黄油）要在室温软化以后使用，尽量不使用刚刚从冷库里拿出的很硬的油脂，也尽量不使用完全液化的油脂(除非有的配方明确要用橄榄油)。

鸡蛋

在面包中的作用

·在面团搅打过程中，鸡蛋中的蛋白质与面粉中的蛋白质结合，增强了面团的筋性，使面包富有嚼劲和弹性。

·蛋黄中含有卵磷脂，是天然的乳化剂，在搅打面团时，能够使水和油充分混合，缩短和面的时间，并使面团变得光滑、细腻，延展性更好。

·蛋黄能够改善面包的色泽，使面包上色更漂亮。

全蛋、蛋清、蛋黄的效果各有何不同？

在烘焙过程中，我们经常会选择性地使用蛋的一部分或全部。使用全蛋的面包，会呈现出比较松脆的口感；使用过多的蛋清，会使烤出来的面包膨胀力强，但组织偏干；只使用蛋黄烤出来的面包比较湿润、柔软，其用量大时口感厚重。

比如布里欧修面包，在配方中用到很多鸡蛋，如果只使用蛋黄，那么口感就会很厚重，如果使用全蛋，则会出现比较中和的口感。所以要根据口感需要进行选择。

乳制品

这里我们指的是富含蛋白质的乳制品。通常用于制作面包的乳制品包括牛奶、脱脂奶粉、全脂奶粉、酸奶、炼乳等。

乳制品在面包中可以增加营养和风味，改善色泽，因为乳制品富含乳蛋白质、乳糖，这些被加热之后都可能发生梅纳反应。

基本工具

大型设备

烤箱 分商用和家用两类。家用烤箱建议选择上、下火可独立控制的。

发酵箱 可为面团发酵维持合适的温度和湿度。并非一定要用，如果环境温度合适，可将面团直接放在室温下，覆盖布或者膜保湿，即可发酵。

搅拌机 搅拌面团使用，搅拌器有桨形和钩形的，都可以用。如果没有搅拌机，可以用手揉面团。

小型工具

1 **电子秤** 用于准确称量材料，可以精确到 1g。

2 **搅拌盆** 用于装取、混合材料，也可作为发酵容器，常使用不锈钢或玻璃材质。

3 **擀面杖** 用于整形时擀压延展面团、释放面团内的气体。

4 **刮板** 用于切分面团，刮下附着在容器内壁上的面糊。

5 **橡皮刮刀** 用于搅拌混合原料，或刮取容器内壁残留的材料。选择时以弹性好、耐高温的为佳。

6 **网筛** 用于筛走粉状材料里的杂质，并使粉料蓬松；烘烤前用于在面团上筛粉装饰。

7 **裱花袋** 用于向面团内填挤内馅，或在面团上挤制装饰面糊。

8 **喷壶** 用于在面团表面喷洒水雾，防止过于干燥；山形吐司在烘烤前，可喷洒水雾避免表面烤焦。选择时以雾滴细小者为佳。

9 **覆盖膜** 用于覆盖在面团或馅料上，防止水分流失变干燥。可选用蓝光膜、烤盘袋或保鲜膜。

10 **毛刷** 用于沾取蛋液涂抹在面团表面，或刷掉面团上多余的手粉。

11 **温度计** 用于测量水温和面温，方便掌控制作过程。

12 **计时器** 用于在发酵、烘焙时测量时间，掌控状态。

13 **吐司模具** 在烘烤吐司时使用。一般产品都具有防沾特性；如使用非防沾模具，须在使用前涂抹或喷洒脱模油。（本书使用的均为三能模具。）

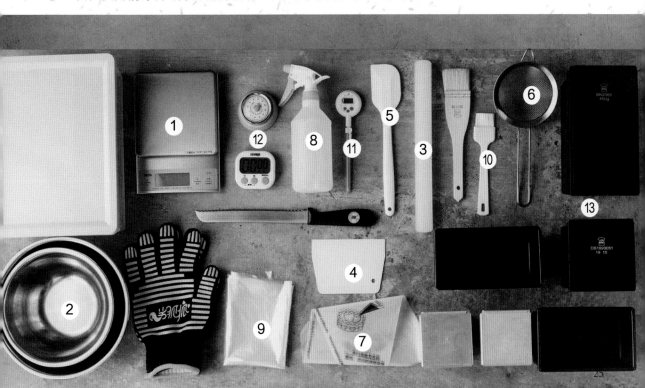

吐司基本工序

这几年烘焙在国内越来越接"地气"，很多家庭都有配置了烤箱、厨师机，而很多朋友做的第一个面包就是吐司。"平凡中的不简单"，这是很多烘焙人对吐司的制作感言，是的，做一个好吃的吐司，有时候真的不难，但是做一个外表漂亮、组织细腻、口感上乘的完美吐司，对于很多人来说确实有一定的难度。"过程决定结果，细节决定成败"，要想做出完美的吐司面包，需要用心来操作每一个步骤，从最初的配料到最后的烘烤出炉都不可掉以轻心。

1. 面团搅拌

面团搅拌是吐司基本工序中最基础、最关键的环节，当发现吐司成品出现状况时，首先要考虑的是面团的问题。面筋是做好吐司的关键，面团搅拌的主要目的是使各种原料在整体中均匀混合，使空气混入面团，从而让面筋逐渐产生并加强，使面团具有适度的弹性和延展性。搅拌时间越久，面筋形成得越多，面包体积就会越大，内部组织越加细密均匀。

一般情况下，如果使用搅拌机搅拌，其速度节奏为：低速－高速－低速－高速。其中，高糖高油类型的面团，可以高速较长时间搅拌，至面筋结构达到富有弹性、可完全扩展状态；低糖低油类型的面团，以低速较长时间搅拌，至面筋形成，且不至搅拌过度。

搅拌5阶段

扫码即看
每个搅拌阶段的演示视频

1. 混合阶段

先将干性材料慢速搅匀，再倒入湿性材料（除油脂类外）慢速搅拌。此时面团没有弹性、延展性，表面粗糙、沾黏。

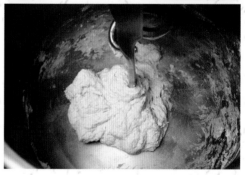

●提示　这个阶段要特别注意判断面团的**最适吸水量**。即使只是面粉、原料批次不同，也会导致面团的吸水率有所改变，所以可根据面团情况适当地增减用水量。

2. 拾起阶段

面团内的干性材料逐渐吸收水分成团，面团逐渐不沾黏，面筋组织开始形成，面团偶尔会搭在搅拌钩上，拉扯时极易断裂。

3. 卷起阶段

面团材料完全混合均匀、成团，可被搅拌钩卷起，面筋组织逐渐形成，拉扯面团易破且撕口凹凸不平。进入这个阶段，搅拌机可以由低速转为高速。

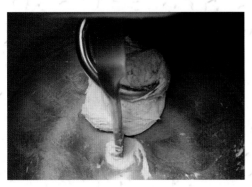

4. 扩展阶段

面筋形成越来越多，让面团表面光滑有光泽，面团有一定的弹性、延展性，撑开会形成较薄但不透光的面膜，继续撑破则破口处呈现锯齿状。这时可加入黄油，面团容易发生乳化现象，让黄油渗透。加入黄油后搅拌机转为低速。

5. 完全阶段

面筋充分扩展，面团具有良好的弹性和延展性，表面细滑、有光泽；撑开面团会形成有弹性、透光的膜，继续撑破则破口处平整圆滑、无锯齿状。此时，面团搅拌完成。

搅拌过度

达到完全阶段的面团如继续搅拌，会失去弹力，呈现出湿润的表面，非常沾黏，拉开面团时，面团完全没有抵抗力，薄且向下流动，这样就叫搅拌过度。初期搅拌过度的面团，会烘烤出内部颜色偏白且气泡孔洞细小的面包；搅拌到后期，面团外观灰暗、失去光泽，表面很湿，非常黏手，内部完全失去弹力，这个阶段已经无法进行吐司制作了。

最适搅拌

能使面包有良好的膨胀效果的搅拌就是适度的搅拌，换句话说，最适搅拌就是在面筋组织的抵抗力达到最强或略减弱的时候完成的。一般来说，吐司面团到达最适搅拌点时，如把面团拉伸开可呈现均匀的半透明薄膜。但最适搅拌除了考虑面筋组织的强度外，还要考虑烘烤出的面包风味，虽然搅拌越多，面包的体积越大，气孔也越均匀细密，但搅拌过多，配方内各种原料的风味也会被抹杀，味道反而不出色。所以，最适搅拌的程度要依照想要呈现的产品效果去选择，而不是绝对地认为某个阶段是最佳搅拌状态。

搅拌完成面团温度

搅拌完成时的面团温度对于吐司的后续工程有很大的影响。面包制作过程是一个整体，通常情况下，面团入烤箱时自身温度处在31~32℃最佳，而此时的面团温度比搅拌完成时的面团温度高，因为发酵过程会产生热量，所以，要根据发酵时间的长短来确定不同面团的搅拌完成温度。一般来说，想要长时间发酵时，面团的温度就低一些，想要短时间发酵，则面团温度高一些。比如，在制作重视发酵给面团增添风味的低糖低油类吐司时，搅拌完成的面团温度一般控制在24~26℃；在制作高糖高油类吐司时，搅拌完成的面团温度一般控制在26~28℃。

控制搅拌完成面团温度的方法

搅拌完成时的面团温度主要由水温、室温、粉温和搅拌时间的长短决定。其中，水温、室温、粉温会随着季节的变化有所变化，而搅拌时间的长短也会因搅拌机的不同、面粉的不同、面团含水量的不同而存在一定的差异。制作者要控制搅拌完成时的面团温度，除了通过控制环境温度外，主要通过冰水法、后盐法、后水法来实现。

●冰水法

使用冰水搅打面团。相对于环境或其他原料，水的温度更容易调节。对于搅拌时投入的水的温度，可以用以下的公式进行大概的计算：

水温 =3×（搅拌完成时的面团温度 – 面团搅拌升温）–（室温 + 粉温）

在以上公式中，"面团搅拌升温"经常难以确定，因为它与实际中的搅拌机种类、搅拌时间有关。所以，下面提供用于计算水温的简化公式：

夏季（室温 24 ～ 30℃）时，水温 =55℃ -（室温 + 粉温）

冬季（室温 16 ～ 23℃）时，水温 =70℃ -（室温 + 粉温）

● 后盐法

盐会延缓面团的出筋速度，所以面团搅拌初期，先不放入盐，待面筋形成后，再放入盐来强化面筋组织，这样做能够有效缩短面团搅拌时间，达到控制面团温度的目的。在吐司面包制作过程中，盐一般与黄油在面团扩展阶段投入到搅拌缸中搅拌。

● 后水法

在遇到一些含水量较大的面团配方时，如在搅拌初期一次性将所有液体材料投入搅拌，会拉长搅拌时间，影响面筋形成的效率。所以在实际操作中，可以在搅拌初期预留一部分水（或其他液体），待面筋形成后，再投入搅拌缸中搅拌均匀，从而达到缩短搅拌时间、控制搅拌升温的目的。

2. 基础发酵

搅拌完成的面团放在温度 26~28℃、湿度 72%~75% 的环境下，面团内的酵母开始代谢，产生气体使面团膨胀，同时产生酒精和有机酸为面包增添风味。通常情况下，基础发酵时间为 40~60 分钟；完成时，因发酵过程会产生热量，所以面团温度升高，此时温度以 28~30℃为宜。

发酵完成状态的确认

将手指沾面粉，戳入发酵好的面团中，根据手指拔出后留在面团上的痕迹确认面团的发酵程度。

| 适度发酵前后的面团状态

适度发酵：面团为发酵前 2 倍大，手指拔出后留下的痕迹保持原样。

发酵不足：手指拔出后面团立即回弹，痕迹逐渐变小。

发酵过度：手指痕迹周围发生塌陷，周边出现很多大的气泡。

取出发酵面团方法

将基础发酵完成的面团从发酵盛器中取出时，为避免挤压面团造成松紧度不均，可将盛器倾斜倒扣，利用面团的自身重力让它自然剥落；如面团粘在盛器上，可用刮板刮离。

3. 排气翻面

面团的排气翻面是指将基础发酵过程中的面团拍打排气，再折叠的过程，排气翻面后面团还需再进行一定时间的发酵。这样做的目的主要是使面团温度更均匀，酵母再度活跃产气，面筋进一步强化。

●**提示** 并非所有的面团都需要进行排气翻面，只须对熟成缓慢，或需要有饱满体积、湿润口感的吐司进行这一操作。

排气翻面的方法

扫码即看
排气翻面的演示视频

1. 用双手从面团中心向外均匀拍打，释放发酵产生的气体。

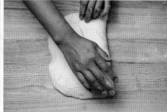

2. 将面团的一侧向中间折叠至大约 1/3 处。

3. 再将面团的另一侧向中间折叠至大约 1/3 处。

4. 面团旋转 90°，将一侧向中间折叠至大约 1/3 处。

5. 再将面团的另一侧向中间折叠至大约 1/3 处。

6. 使收口朝下，排气翻面完成。

4. 分割滚圆

分割

制作吐司面包的四要素是：温度、时间、面团状态、面团重量。其中面团状态与重量同样重要，要呈现一定的组织、口感，就要根据一定的比容积确定面团的分割重量。

比容积反映的是一个面团体积和重量之间的关系。

比容积 = 模具体积毫升数 / 生面团重量克数

换算即得：生面团重量克数 = 模具体积毫升数 / 比容积

公式中，模具体积是固定的，所以只要确定比容积，就可以确定面团重量。一般情况下，山形吐司比容积为4.2~4.5，方形吐司比容积为3.6~4.2。比容积越大，组织孔洞越大，吐司越柔软；比容积越小，组织越细腻，吐司越扎实。

实际操作中，如果面团量过少就会导致烘烤后吐司较矮，或顶部圆边不饱满；如果面团量过多就会导致烘烤后吐司膨胀过高，或顶部圆边棱角分明，甚至面团溢出模具。所以要特别注意吐司模具与不同重量面团的平衡关系。

滚圆

滚圆是整形的准备，是为了使面团表面的面筋组织更加紧实，使面团向任何方向都有一定的延展性，从而方便整形。"手法、力度、程度"是吐司面团滚圆的三个要素：通过正确的手法和轻柔的力度，使滚圆后的面团不破皮，保有一定的气体。

滚圆的方法

扫码即看
滚圆的演示
视频

1. 双手将分割后的面团拍扁。

2. 翻面后将面团一边向另一边对折。

3. 面团旋转90°，而后将一边向另一边对折。

4. 双手护住面团旋转滚圆面团。

5. 松弛

松弛又称中间发酵（bench time），是指将滚圆后的面团放置 15~30 分钟，使其恢复自身的延展性。之所以要进行松弛，是因为滚圆后的面筋组织的弹性、回复力比较强，难以成型，让面筋"停顿休息"一段时间，使紧实的面筋组织通过发酵再次恢复延展性，为整形做好铺垫。

6. 整形

这一步将面团整理成吐司面包的形状，填装进模具。

常见的吐司整形方法有：球形、橄榄形、圆柱形、长条形、U 形、辫形等。除此之外，花式吐司还有一些独特的整形方法。

基本成型手法

擀卷手法

扫码即看
擀卷手法的
演示视频

1. 将松弛好的面团收成柱状。

2. 用擀面杖将面团擀成宽窄、厚度一致的长条状。

3. 双手将面团两侧里的气泡排出。

4. 压薄自己侧的面团，而用双手四指将面团从顶部收卷起。

5. 卷到最后 1/3 时，注意减小力度，顺势卷起。

成圆手法

方法步骤与前面"滚圆的方法"相同。

主要整形方法

球形 将松弛好的面团以手掌拍压的方式排气，再以推卷（折叠）、收圆的方法成型。

橄榄形 将松弛好的面团以手掌拍压或擀面杖擀压的方式排气，再卷起成型，呈现两端尖的橄榄形。

圆柱形 将松弛好的面团以擀面杖擀压的方式排气，再卷起成型。可以多次擀卷，擀卷次数越多，每次擀得越长、卷起层次越多，吐司组织就越绵密，会有细腻的拉丝。

长条形 将松弛好的面团以擀面杖擀压的方式排气，再卷起成型。

U形 将松弛好的面团以擀面杖擀压的方式排气，卷起后，再弯折成U形。这种成型方法一般只适合制作方形吐司。擀卷后要注意拉一下面团后再弯折成U形，再交叠放入模具，否则醒发后弯折处会过粗而影响成品状态。

辫形 将松弛好的面团以擀面杖擀压的方式排气，再涂铺馅料、卷起，此后有两种方式，一是将整个面团纵向切成 2~4 条，编辫，二是将 2~4 个卷好的面团编辫。

吐司面团不同整形方法的特点

形状	圆形	橄榄形	圆柱形	长条形	U 形	辫形
成型方式	手掌排气，推卷（折叠）收圆	手掌排气、卷起，或一次擀卷	一次以上擀卷	一次擀卷	一次擀卷	一次擀卷
搭配馅料		可以	可以	可以		可以
成品状态	组织气孔圆润，口感柔软	组织气孔圆润，口感柔软	组织细腻，有嚼劲	组织气孔均匀，有一定的嚼劲	组织细腻，口感紧实	组织细密，口感丰富
出品效率	高	高	低	较高	较低	视情

7. 最后发酵

最后发酵是指对成型后的面团进行最终发酵，此后就送入烤炉。最后发酵温度一般为 30~35℃，湿度 78%~80%。把握好面团最后发酵的状态尤为重要，如果发酵不充分，吐司在烘烤过程中就不会膨胀成理想的形状，而过度发酵则会使烘烤出的吐司棱角分明，或缩腰坍塌。一般情况下，山形吐司需要醒发至模具的八九分满，方形吐司通常醒发至模具的七八分满。

8. 装饰

完成最后发酵的面团，在入炉烘烤前，可以结合实际，在面团表面以割口、撒粉、撒粒（酥粒、杂粮粒）、挤酱等方式进行装饰。

9. 烘烤

烘烤吐司尽量"高温短时"，烘烤后吐司内部残留的水分越多，口感越湿润柔软，吐司老化得也慢。

以商用平炉烤箱或家用烤箱为例，烘烤温度一般如下。

山形吐司：上火 160~180 ℃，下火 220~240 ℃；如为低糖模具，则上火170~190℃，下火 220~230℃。

方形吐司：上火 200~210 ℃，下火 220~240 ℃；如为低糖模具，则上火190~200℃，下火 220~230℃。

对于烘烤时间，由面团的种类、重量，一次烘烤数量，以及烤炉实际温度决定。一般情况下，山形吐司烘烤 25~35 分钟，如为低糖模具则为 15~25 分钟；方形吐司烘烤 25~40 分钟，如为低糖模具则为 15~30 分钟。在烘烤过程中，要注意观察吐司的烘烤状态，完成时以表面为黄金褐色为最佳。

10. 出炉脱模

吐司出炉后，应连同模具在操作台上震一下，以释放出吐司内的气体和部分蒸汽，再脱模，移至晾网上散热放凉，这样有助于稳定吐司的状态，防止出现缩腰。刚出炉的吐司含有大量的水汽，建议凉透后再分切。

面团的不同做法

直接法

直接法就是将全部面团原料在一次搅拌过程中直接成团的做法。

直接法的优缺点

优点：

①发酵时间短，缩减了面包制作的整体时间；

②更能凸显配料食材的原始风味；

③对面包的口味和造型比较容易控制。

缺点：

①面团的延展性较差，面筋容易受到损伤；

②面团的发酵耐力差（在最后发酵阶段稳定性较差）；

③面包的体积及蓬松度略差，老化速度较快。

中种法

除了直接法以外，其他的面团做法可以说都是"间接法"，都是先用配方中一部分材料做成种面团，再加入配方中其余材料做成整个面团。一般间接法的种面团只占整个面团的 25% ~ 40%，而中种法则占到 50% 以上。根据中种面团用到的面粉在配方中的不同占比，可分为 50% 中种法、70% 中种法、100% 中种法等。其中，70% 中种法最为常见。

中种面团的发酵

中种面团发酵时间与其中的酵母量、水量以及环境温度相关。使用的酵母量越大、水量越大、环境温度越高，中种面团的发酵速度越快。依据发酵时间，中种面团可分为当天发酵中种和隔夜发酵中种。

中种面团发酵过程

1. 发酵前　　　　　2. 发酵好，体积增大到 2.5~3 倍。如果撕开面团，可以看到里面是蜂窝状的气孔组织。

中种法的优缺点

优点：

①能够延缓面包的老化速度；

②较长的发酵时间能够使面团熟成得更好，引出更强的风味；

③面团延展性较好，造型中不易受到损伤。

缺点：

①全部过程的时间比较长；

②对面团发酵状态的把握需要有一定的经验，控制不好会影响成品的稳定性。

液种法

液种法又称波兰酵种法，是先用面团配方中一定比例的面粉与等重量的水、适量酵母混合（为了控制发酵速度可加入少许盐），搅拌成糊状液种，待液种发酵完成后，再和面团配方中剩下的原料一起完成搅拌的方法。此法适用于制作无糖无油或低糖低油的面团。

液种面团制作过程

1. 混合。

2. 搅拌。（此时水进入面粉的间隙，因此整体体积变小。）

3. 发酵完成，体积是前面的 2.5~3 倍。

液种的发酵

液种的发酵时间与酵母量、环境温度相关，酵母量越大、环境温度越高，液种的发酵速度越快。通常情况下，完成搅拌的液种在室温下发酵 1~2 小时，转冷藏发酵 12~15 小时即可达到最终的发酵状态。

发酵好的液种是发酵前的 2.5~3 倍大，表面有大大小小凸起的气泡，拉扯开液种面团，里面有较多的气孔。

液种法的优缺点

优点：

①能够延缓面包的老化速度；

②液种含水量高，有助于提升酵母活性，可以减少主面团发酵时间；

③低温发酵的液种再经主面团阶段的发酵，能够引出更浓郁的风味；

④面团延展性较好，造型中不易受到损伤。

缺点：

①制作全过程的时间比较长；

②液种的保存期较短，且如果发酵过度容易产酸，影响面包风味。

法式老面法

　　法式老面是将制作法棍的原料（法国粉、盐、水、酵母）按比例搅拌成团，经低温长时间发酵成老面，再混入总面团使用的方法。制作好的法式老面可冷藏保存 2~3 天。若老面闻起来酸味过重，不建议再使用。也可以直接用发酵好的法棍面团充当法式老面。

法式老面的做法

材料 T65 面粉 500g，盐 10g，麦芽精 2.5g，水 340g，低糖酵母 2.5g

过程

1. 将法国面粉、酵母、盐、水和麦芽精倒入搅拌缸，低速搅拌 3 分钟，转高速搅拌 5~7 分钟。

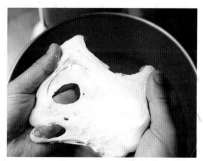

2. 搅拌结束时，拉扯面团可显现出一定的面筋组织。

3. 在约 28℃ 的室温下基础发酵 1~2 小时。

4. 冷藏 12~15 小时，可以使用。

法式老面法的优缺点

优点：

①能够延缓面包的老化速度；

②低温发酵的法式老面能够引出更浓郁发酵风味，让口感更佳；

③可减少主面团搅拌时间，增强发酵耐力，加速发酵；

④面团延展性较好，造型时不易受到损伤。

缺点：

①全部过程的时间比较长；

②保存期较短，且如果发酵过度容易产酸，影响面包风味。

烫种法和汤种法

烫种法和汤种法都是为了增加淀粉的糊化效果，使做出来的面包更柔软。

烫种法

烫种法是先将一部分面粉与95℃的热水混合搅拌为烫种（混合后温度为65~68℃），待其冷却后再混入主面团使用的方法。烫种的使用量一般不超过总面团重量的20%，因为烫种中的面筋结构已经受热破坏，所以烫种如果添加过多，会影响总面团面筋的形成和发酵效果。做好的烫种可在冰箱隔夜冷藏后使用，最好在3天内使用完毕。

●烫种的做法

材料 高筋面粉500g，砂糖50g，盐5g，95℃热水500g

过程

1. 将面粉、砂糖、盐在搅拌缸中混匀后，倒入95℃的热水。

2. 以高速搅拌，至面团呈光滑细腻状。

3. 从搅拌缸中取出面团放凉，置于冰箱冷藏12~15小时后可以使用。

●烫种法的优缺点

优点：

①过于紧密的面团组织可获得改善，面包口感更Q弹；

②面团的吸水量增加，面包老化速度变慢。

缺点：

①面团的持气力下降，拉长最后发酵的时间。

②烫种面团搅拌完成时的温度不容易把控，影响糊化的程度和效果。

汤种法

●汤种的做法

汤种法是指先将面粉与水按照 1 : 5 的比例混合搅拌，然后加热至 65℃左右使淀粉糊化成为汤种，待其冷却后再混入总面团使用的方法。

过程

1. 粉、水 1 : 5 混合。　　2. 搅拌，加热。　　3. 冷却。

●汤种法的优缺点

优点：面团的吸水量增加，面包老化速度变慢。

缺点：加热的温度不好控制，操作有一定难度。

天然酵种的做法

水果、面粉等食材的表面都附着有天然酵母菌，酵母菌能在有氧和无氧的环境中生存，而杂菌一般只能在有氧的环境中生存，所以，将食材密封数日后，酵母菌就会不断繁殖，成为食材中的优势菌种，形成酵母液；我们再将酵母液与面粉混合，经过进一步发酵，就形成了天然酵母种，可用于整个面团的发酵。

常见的天然酵种有：鲁邦种、葡萄干种、水果种、啤酒花种、酒种等。

鲁邦种

鲁邦种是以面粉为食材，利用其表面的酵母菌和空气中的酵母菌培养起来的。

鲁邦种的作用

①增加面包味道的深度——凸显谷物风味，发酵风味更醇；

②软化面团，增强面包的保湿性，使面包口感更滋润，并可延缓老化。

鲁邦种的培养

总材料（初种） 裸麦粉500g，法国面粉（T55或T65）500g，水1090g

过程

第1天 器皿消毒，加入100g裸麦粉和25℃的110g水（总重210g），搅拌均匀，密封，在温度28℃下发酵24小时。

第2天 将第1天发酵好的液种留200g，续添200g裸麦粉、200g水，拌匀、密封，在28℃下发酵24小时。

第3天 将前一天发酵好的液种留200g，续添200g裸麦粉、220g水，拌匀、密封，在28℃下发酵24小时。

第4天 将前一天发酵好的液种留200g，加入250g法国面粉、280g水，拌匀、密封，在21℃下发酵15小时。

第5天 做法同第4天。

第6天 初种培养完成，可以使用了；也可以将初种冷藏保存，次日添料续种（做法同前一天），如此可一直培养保存下去。续种时，如果发现种液表面积水，应把这些水倒掉，再操作。

| 培养好的鲁邦种

用于培养鲁邦种的面粉

鲁邦种的"个性"会随着面粉而不同，不同面粉在蛋白质、灰分和酵母菌落上可能不同，培养出的鲁邦种有的气味浓烈，有的比较温和……所以，每个人可多加留心面粉的选择，培养出自己独特风味的鲁邦种。

●确认鲁邦种的酸度

在使用鲁邦种前，须确认其pH在3.5~3.8之间。若酸度不够（pH高于3.8），鲁邦种的效力不会很理想，面团也比较容易滋生杂菌；若酸度太高（pH低于3.5），则会使面筋过软，面包味道过酸，因此也不宜使用。

葡萄干种

葡萄干种是以葡萄干为食材，利用其表面的酵母菌培养起来的。先得到葡萄干酵母液，再与面粉混合，得到葡萄干种。

葡萄干酵母液的培养

材料　葡萄干（无油无防腐剂）100 克，白开水（35℃）200 克，蜂蜜 5 克

过程

第 1 天　器皿消毒，倒入蜂蜜、水拌匀，加入葡萄干，密封。

第 2 天　葡萄干开始膨胀。

第 3 天　器皿内开始产生白色气泡，液体开始浑浊。

第 4 天　开始产生酒精气味，表面气泡逐渐增多，葡萄干开始浮起。

第 5 天　水面上的气泡越来越多，葡萄干全部离底浮起，并散发出浓浓的酒香味。

第 6 天　培育完成，将葡萄菌液过滤出来使用。培育好的菌液 pH 在 4.8~5.2 之间。

●**提示**　保持发酵环境温度 26~28℃。静置期间，每天一次轻摇器皿，然后打开盖子换入新鲜空气。

葡萄干种的培养

总原料 葡萄干菌液 100g，高筋粉 200g，水 100g

过程

1. 将高筋粉 100g 倒入装有葡萄干菌液的器皿中。

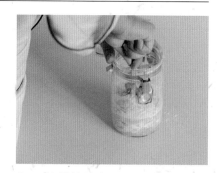

2. 用棒搅拌均匀。

3. 密封器皿，将面糊在 26~28℃下静置 3~4 小时后，移入冰箱冷藏 12~15 小时，酵种将膨胀至 2~3 倍大。

4. 添加高筋粉 100g、水 100g（各相当于现有酵种重量的 50%）进行喂养，待酵种再膨胀至 2~3 倍大后，即可作为葡萄干种取用。

2/ 纯味吐司

至纯吐司

模具
SN2066

无馅

这款吐司原是一家日本名店的主打产品。原配方使用的是日本当地小麦粉，其蛋白质和灰分含量都相对较低，本配方中结合了王后面粉和日清面粉的特点，蛋白质含量有所提升，让面团保气、膨胀的能力增强。

含水量较高，乳制品（奶粉、炼乳、淡奶油）的加入使面筋组织的延展性更好，龙眼蜂蜜使烘烤后的吐司有淡淡的蜜香。

基本工序

▽ **面团搅拌** 材料慢速、快速搅拌至扩展阶段，加入黄油慢速搅拌至完全阶段，出缸温度 26~28℃。

▽ **基础发酵** 60 分钟。

▽ **分割** 面团 250g/ 个（2 个一组共 500g）。

▽ **松弛发酵** 20 分钟。

▽ **整形** 面团排气，二次擀卷，2 个一组，放入模具。

▽ **最后发酵** 50 分钟，至八分满，加盖。

▽ **烘烤** 上火 200℃，下火 210℃，烘烤 20~22 分钟。

面团配方 可做 2 个

材料	重量 /g	比例
A 部分		
高筋粉（王后柔风吐司粉）	300	60.0%
高筋粉（日清山茶花粉）	200	40.0%
砂糖	40	8.0%
盐	9	1.8%
鲜酵母	15	3.0%
脱脂奶粉	10	2.0%
水	335	67.0%
淡奶油	30	6.0%
龙眼蜂蜜	20	4.0%
炼乳	30	6.0%
B 部分		
黄油	60	12.0%
合计	**1049**	**209.8%**

制作过程

1 将材料 A 部分倒入搅拌缸中（水量预留 10% 左右），以慢速搅拌至有一定的面筋，加入预留水慢速搅拌至面团完全吸收后，快速搅拌至面筋扩展。

2 加入软化黄油，慢速搅拌至完全阶段，此时面团温度 26~28℃。

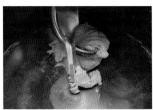

3 整理面团成表面光滑的球状，在温度 28℃、湿度 75% 环境下进行基础发酵 60 分钟。

4 面团分割成 250g/ 个。轻拍面团使大气泡排出。

5 将面团用双手护住旋转滚圆，整齐摆放。

6 在基础发酵的环境下静置 20 分钟，至面筋松弛。

7 用擀面棍将面团大气泡排出，轻轻卷起，静置 10 分钟。

8 将静置后的面团转向擀长，翻面并压薄底端，卷起至底。

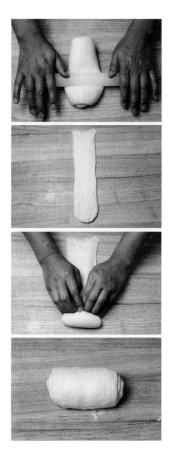

9 将 2 个擀卷后的面团放在一个吐司模具中，在温度 32℃、湿度 78% 环境下最后发酵 50 分钟，此时面团涨至八分满。

10 加盖，送入预热好的烤炉中，以上火 200℃、下火 210℃烘烤 20~22 分钟。出炉，轻振模具，倒出吐司，在晾网上冷却。

日式生吐司

直接法

模具
DS1920051
无馅

面筋柔软，但并没有使用鸡蛋，而是通过奶、糖类材料，以及配方中较高比例的总水量来实现的。

这款吐司也没有使用种面，目的在于尽量减少成品的发酵风味，使麦香味和奶香味更足。

基本工序

▽**面团搅拌** 材料慢速、快速搅拌至扩展阶段，加入黄油慢速搅拌至完全阶段，出缸温度 26~28℃。

▽**基础发酵** 60 分钟。

▽**分割** 面团 120g/ 个（2 个一组共 240g）。

▽**松弛发酵** 15 分钟。

▽**整形** 面团排气，一次擀卷，2 个一组，放入模具。

▽**最后发酵** 50 分钟，至八分满，加盖。

▽**烘烤** 上火 190℃，下火 220℃，烘烤 15~16 分钟。

面团配方 可做 3 个

材料	重量 /g	比例
A 部分		
高筋粉（王后柔风吐司粉）	172	50.0%
高筋粉（日清山茶花粉）	172	50.0%
砂糖	27	7.9%
奶粉	27	7.9%
盐	5.5	0.8%
鲜酵母	12.5	3.6%
水	68.5	20.0%
淡奶油	110	32.0%
牛奶	96	28.0%
蜂蜜	41	12.0%
B 部分		
黄油	27	7.9%
合计	758.5	220.1%

制作过程

1 将材料 A 部分倒入搅拌缸中，以慢速搅拌至无干粉后，转快速搅拌至扩展阶段。

2 加入软化黄油，慢速搅拌至完全阶段，此时面团温度 26~28℃。

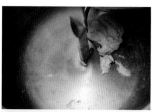

3 整理面团成表面光滑的球状，在温度28℃、湿度75%环境下进行基础发酵60分钟。

4 面团分割成120g/个，轻拍面团使大气泡排出。

5 将面团滚圆，整齐摆放。

6 在基础发酵的环境下静置 15 分钟，至面筋松弛。

7 手拍面团将大气泡排出后，面团收成柱形，擀长，翻面卷起。

8 2个擀卷后的面团放在一个吐司模具中，在温度 32 ℃、湿度 78% 环境下最后发酵 50 分钟，至面团涨至八分满。

9 加盖，送入预热好的烤炉中，以上火 190 ℃、下火 220 ℃烘烤 15~16 分钟。出炉，轻振模具，倒出吐司放凉。

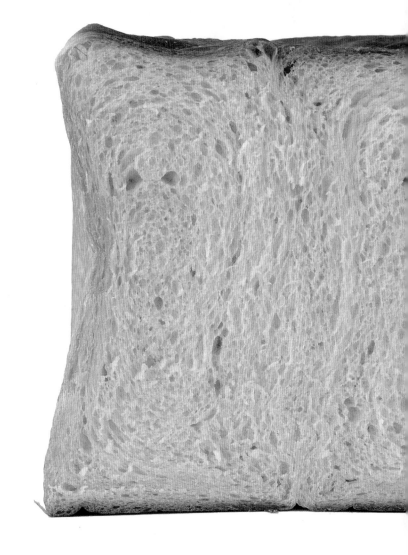

日式高级白吐司

直接法

模具
SN2066

无馅

组织细腻，口感回味甘醇。

它和日式生吐司的异曲同工之处在于，面筋柔软，但并未使用鸡蛋。

面粉选择王后柔风吐司粉，蜂蜜建议使用泰国龙眼蜜。

基本工序

▽**面团搅拌** 材料慢速、快速搅拌至扩展阶段，加入黄油慢速搅拌至完全阶段，出缸温度 26~28℃。

▽**基础发酵** 60 分钟。

▽**分割** 面团 160g/ 个（3 个一组共 480g）。

▽**松弛发酵** 20 分钟。

▽**整形** 面团排气，一次擀卷，3 个一组，放入模具。

▽**最后发酵** 60 分钟，至八分满。

▽**烘烤** 上火 180℃，下火 220℃，烘烤 20~22 分钟。

面团配方 可做 2 个

材料	重量 /g	比例
A 部分		
高筋粉（王后柔风吐司粉）	500	100.0%
砂糖	65	13.0%
盐	9	1.8%
鲜酵母	15	3.0%
水	300	60.0%
蜂蜜	20	4.0%
淡奶油	40	8.0
B 部分		
黄油	40	8.0%
合计	**989**	**197.8%**

制作过程

1 将材料 A 部分倒入搅拌缸中，以慢速搅拌至无干粉后，转快速搅拌至扩展阶段。

2 确认面筋状态后，加入软化黄油慢速搅拌至完全阶段，此时面团温度 26~28℃。

3 整理面团成表面光滑的球状，在温度 28℃、湿度 75% 环境下进行基础发酵 60 分钟。

4 面团分割成 160g/个，轻拍面团使大气泡排出。

5 将面团滚圆，整齐摆放。

6 在基础发酵的环境下静置 20 分钟，至面筋松弛。

7 手拍面团将大气泡排出后，面团收成柱形，擀长，翻面卷起。

8 3个擀卷后的面团放在一个吐司模具中，在温度 32 ℃、湿度 78% 环境下最后发酵 60 分钟，至面团涨至八分满。

9 送入预热好的烤炉中，以上火 180 ℃、下火 220 ℃ 烘烤 20~22 分钟。出炉，轻振模具，倒出吐司放凉。

法式吐司

法式老面法

模具 定制小模具 **无馅**

　　配方搭配使用法国粉和高筋粉，加之法式老面的使用，使得面团膨胀力增强，且不乏浓郁的小麦香气。整形时注意保留一定的气体在面团中。

　　因为无糖所以成品上色较慢，烘烤后表面有龟裂纹，内部组织不均匀，呈现外脆内韧的口感。

基本工序

▽ **面团搅拌** 材料慢速、快速搅拌至扩展阶段，加入黄油慢速搅拌至完全阶段，出缸温度 25~26℃。

▽ **基础发酵** 60 分钟。

▽ **分割** 面团 60g/ 个（2 个一组共 120g）。

▽ **松弛发酵** 15 分钟。

▽ **整形** 面团排气，收成圆形，2 个一组，放入模具。

▽ **最后发酵** 60 分钟，至九分满。

▽ **装饰烘烤** 撒粉割包，上火 200℃，下火 230℃，烘烤 20~22 分钟。

表面 高筋粉

面团配方 可做 8 个

材料	重量 /g	比例
A 部分		
法国粉（伯爵 T55）	378	70.0%
高筋粉（王后硬红）	162	30.0%
盐	9.7	1.8%
鲜酵母	8.1	1.5%
蜂蜜	10.8	2.0%
水	367	68.0%
法式老面	54	10.0%
B 部分		
黄油	27	5.0%
合计	**1016.6**	**188.3%**

制作过程

1 将材料A部分倒入搅拌缸中，以慢速搅拌至有一定的面筋，转快速搅拌至面筋扩展。

2 加入软化黄油慢速搅拌至完全阶段，此时面团温度25~26℃。

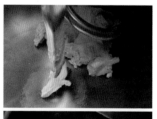

3 整理面团成表面光滑的球状，在温度28℃、湿度75%环境下进行基础发酵60分钟。

4 面团分割成60g/个，轻拍面团使大气泡排出。

5 将面团滚圆，整齐摆放。

6 在基础发酵的环境下静置15分钟，至面筋松弛。

7 手拍面团将大气泡排出，再两次对折、轻轻收圆。

8 2个面团放在一个模具中，在温度30℃、湿度78%环境下最后发酵60分钟，至面团涨至九分满。

9 撒高筋粉，表面割纹，送入预热好的烤炉中，打2~3秒蒸汽，以上火200℃、下火230℃烘烤20~22分钟。出炉，轻振模具，倒出吐司放凉。

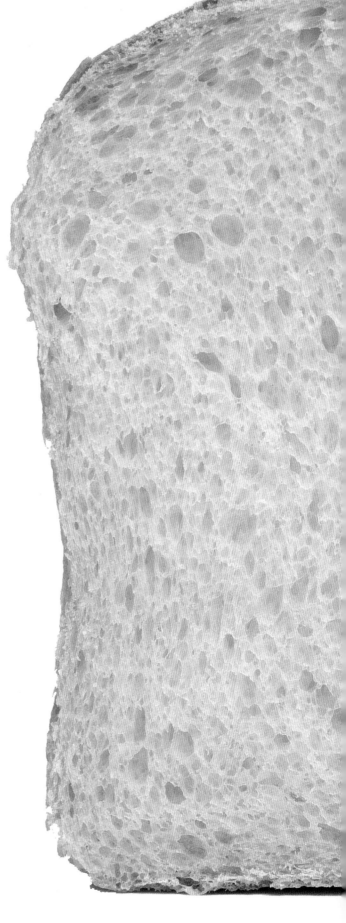

牛奶吐司

中种法

模具
SN2066

无馅

牛奶吐司是众多原味吐司中最常见的一款，面粉的选择和奶制品的不同比例搭配是它细微变化的根本。

本配方选用王后柔风吐司粉。中种面团中用牛奶来水合面粉，发酵风味充溢着奶香。淡奶油的添加，一次擀卷手法和不加盖烘烤，使得成品组织更柔软细腻。

基本工序

▽**中种制作** 中种材料搅拌均匀后发酵。

▽**主面团搅拌** 发酵好的中种面团和主面团材料以慢速、快速搅拌至扩展阶段，加入黄油慢速搅拌至完全阶段，出缸温度26~28℃。

▽**基础发酵** 50分钟。

▽**分割** 面团160g/个（3个一组共480g）。

▽**松弛发酵** 20分钟。

▽**整形** 面团排气，收成柱形，一次擀卷，3个一组，放入模具。

▽**最后发酵** 60分钟，至九分满。

▽**装饰烘烤** 刷蛋奶液，上火170℃，下火220℃，烘烤18~20分钟。

表面 面团配方

蛋奶液 可做2个

材料	重量/g	比例
A 部分		
高筋粉（王后柔风吐司粉）	250	50.0%
牛奶	175	35.0%
干酵母	3	0.6%
B 部分		
高筋粉（王后柔风吐司粉）	250	50.0%
砂糖	75	15.0%
盐	7.5	1.5%
奶粉	20	4.0%
干酵母	5	1.0%
牛奶	100	20.0%
淡奶油	100	20.0%
C 部分		
黄油	40	8.0%
合计	**1025.5**	**205.1%**

制作过程

1 将材料A部分倒入搅拌缸中，以慢速搅拌均匀后，以温度28℃、湿度75%发酵2~3小时，至2.5~3倍大，面团内部组织呈蜂窝状。

2 将发酵好的面团与材料B部分混合，以慢速搅拌至无干粉后，转快速搅拌至扩展阶段。

3 加入软化黄油慢速搅拌至完全阶段，此时面团温度26~28℃。

4 整理面团成表面光滑的球状，在温度28℃、湿度75%环境下进行基础发酵50分钟。

5 面团分割成160g/个，轻拍面团使大气泡排出。

6 将面团滚圆，整齐摆放。在基础发酵的环境下静置 20 分钟，至面筋松弛。

7 手拍面团将大气泡排出，收成柱形，擀长，翻面卷起。

8 3 个擀卷后的面团放在一个模具中，在温度 32 ℃、湿度 78% 环境下最后发酵 60 分钟，至面团涨至九分满。

9 刷蛋奶液，送入预热好的烤炉中，以上火 170 ℃、下火 220 ℃烘烤 18~20 分钟。出炉，轻振模具，倒出吐司放凉。

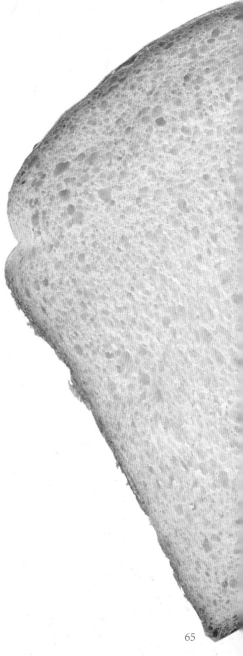

炼乳吐司

模具
SN2066
无馅

　　配方中奶制品含量较高，炼乳带来的奶香味浓郁，牛奶和炼乳既是液体材料的补充，也对发酵气室的架构起到作用。虽黄油用量不多，但搭配了鸡蛋的使用，使面筋软化的效果一样不差，成品老化也相对较慢。

　　乳制品比例高会延缓一定的发酵速度，面团在炉内的膨胀也会受到一些影响，所以选用柔风吐司粉。

　　比容积约 4.0，一次擀卷，加盖烘烤，成品细腻。

基本工序

▽**面团搅拌** 材料慢速、快速搅拌至扩展阶段，加入黄油慢速搅拌至完全阶段，出缸温度 26~28℃。

▽**基础发酵** 60 分钟。

▽**分割** 面团 165g/ 个（3 个一组共 495g）。

▽**松弛发酵** 20 分钟。

▽**整形** 面团排气，收成柱形，一次擀卷，3 个一组，放入模具。

▽**最后发酵** 60 分钟，至八分满，加盖。

▽**烘烤** 上火 200℃，下火 210℃，烘烤 20~22 分钟。

面团配方　可做 2 个

材料	重量 /g	比例
A 部分		
高筋粉（王后柔风吐司粉）	500	100.0%
砂糖	30	6.0%
盐	6	1.2%
奶粉	20	4.0%
鲜酵母	15	3.0%
水	60	12.0%
牛奶	250	50.0%
炼乳	60	12.0%
鸡蛋	40	8.0%
B 部分		
黄油	30	6.0%
合计	**1011**	**202.2%**

制作过程

1 将材料 A 部分倒入搅拌缸中,以慢速搅拌至无干粉后,转快速搅拌至扩展阶段。

2 加入软化黄油,慢速搅拌至完全阶段,此时面团温度 26~28℃。

3 整理面团成表面光滑的球状,在温度 28℃、湿度 75% 环境下进行基础发酵 60 分钟。

4 面团分割成 165g/个,轻拍面团使大气泡排出。

5 将面团滚圆,整齐摆放。

6 在基础发酵的环境下静置 20 分钟,至面筋松弛。

7 手拍面团将大气泡排出,收成柱形,擀长,翻面,卷起。

8 3个擀卷后的面团放在一个模具中，在温度32℃、湿度78%环境下最后发酵60分钟，至面团涨至八分满。

9 加盖，送入预热好的烤炉中，以上火200℃、下火210℃烘烤20～22分钟。出炉，轻振模具，倒出吐司放凉。

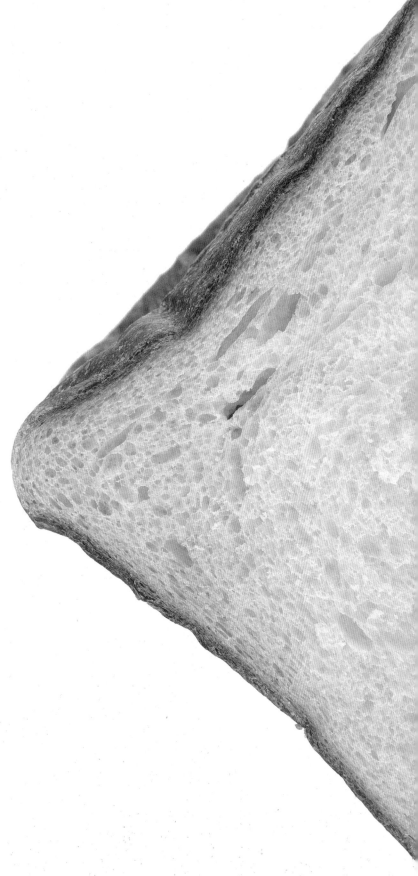

豆浆吐司

直接法

模具
SN2066

无馅

不含糖的清爽配方。为了控制好面温，冲泡好的豆浆液可放在冰箱冷藏至凉。
鲜酵母让最后的发酵状态更加稳定。蛋黄则可以软化面筋，帮助成品口感柔软。

基本工序

▽ **搅拌准备** 豆浆粉以热水冲开，搅拌均匀，放凉备用。

▽ **面团搅拌** 面团材料以慢速、快速搅拌至扩展阶段，加入黄油慢速搅拌至完全阶段，出缸温度 25~26℃。

▽ **基础发酵** 60 分钟。

▽ **分割** 面团 230g/ 个（2 个一组共 460g）。

▽ **松弛发酵** 20 分钟。

▽ **整形** 面团排气，收圆，2 个一组，放入模具。

▽ **最后发酵** 60 分钟，至九分满。

▽ **烘烤** 上火 180℃，下火 210℃，烘烤 20~22 分钟。

面团配方

可做 2 个

材料	重量 /g	比例
A 部分		
豆浆粉	40	8.0%
热水	140	28.0%
B 部分		
高筋粉（王后柔风吐司粉）	500	100.0%
盐	10	2.0%
鲜酵母	21	4.2%
蛋黄	15	3.0%
水	205	41.0%
C 部分		
黄油	30	6.0%
合计	961	192.2%

制作过程

1 将材料A部分中的热水冲入豆浆粉，搅拌均匀后，放凉备用。

2 放凉的豆浆与面团材料B部分，以慢速搅拌至无干粉后，转快速搅拌至扩展阶段。

3 加入软化黄油慢速搅拌至完全阶段，此时面团温度25~26℃。

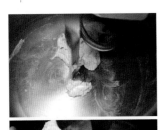

4 整理面团成表面光滑的球状，在温度28℃、湿度75%环境下进行基础发酵60分钟。

5 面团分割成230g/个，轻拍面团使大气泡排出。

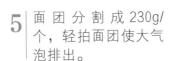

6 将面团滚圆，整齐摆放。

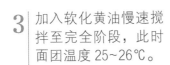

7 在基础发酵的环境下静置20分钟，至面筋松弛。

8 手拍面团将大气泡排出，再两次对折、轻轻收圆。

9 2个面团放在一个模具中，在温度32℃、湿度78%环境下最后发酵60分钟，至面团涨至九分满。

10 送入预热好的烤炉中，以上火170℃、下火220℃烘烤20~22分钟。出炉，轻振模具，倒出吐司放凉。

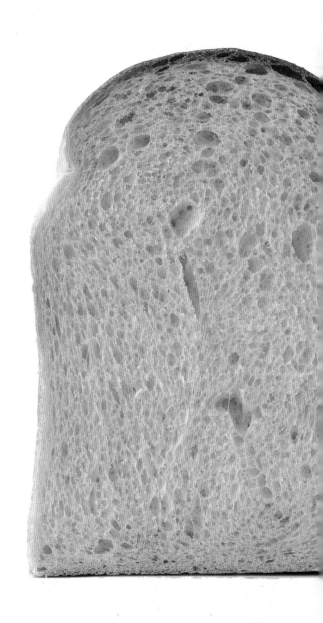

双种吐司

双种法

模具
SN2066

无馅

本配方采用 50% 中种 + 烫种的"双种"制作工艺，吐司成品发酵风味更加突出，柔软又有嚼劲，保鲜期也较久。

基本工序

▽ **中种制作** 中种材料搅拌均匀后发酵。

▽ **主面团搅拌** 发酵好的中种面团和主面团材料以慢速、快速搅拌至扩展阶段，加入烫种、黄油慢速搅拌至完全阶段，出缸温度 26~28℃。

▽ **基础发酵** 50 分钟。

▽ **分割** 面团 250g/ 个（2 个一组共 500g）。

▽ **松弛发酵** 20 分钟。

▽ **整形** 面团排气，收成柱形，一次擀卷，2 个一组，放入模具。

▽ **最后发酵** 60 分钟，至九分满。

▽ **烘烤** 上火 170℃，下火 220℃，烘烤 18~20 分钟。

面团配方 可做 2 个

材料	重量 /g	比例
A 部分		
高筋粉（王后柔风吐司粉）	250	50.0%
鲜酵母	4	0.8%
牛奶	100	20.0%
水	75	15.0%
B 部分		
高筋粉（王后柔风吐司粉）	250	50.0%
鲜酵母	9	1.8%
砂糖	60	12.0%
盐	8.5	1.7%
奶粉	20	4.0%
淡奶油	75	15.0%
鸡蛋	25	5.0%
水	110	22.0%
C 部分		
烫种	50	10.0%
黄油	40	8.0%
合计	**1076.5**	**215.3%**

制作过程

1 将材料A部分倒入搅拌缸中，以慢速搅拌均匀后，以温度28℃、湿度75%发酵2~3小时，至2.5~3倍大，面团内部组织呈蜂窝状。

2 将发酵好的面团与材料B部分混合，以慢速搅拌至无干粉后，转快速搅拌至面筋扩展。

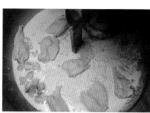

3 加入烫种、软化黄油，慢速搅拌至完全阶段，此时面团温度26~28℃。

4 整理面团成表面光滑的球状，在温度28℃、湿度75%环境下进行基础发酵50分钟。

5 面团分割成250g/个，轻拍面团使大气泡排出。

6 将面团滚圆，整齐摆放。

7 在基础发酵的环境下静置20分钟，至面筋松弛。

8 面团轻拍排气后收成柱形，擀长，翻面卷起。

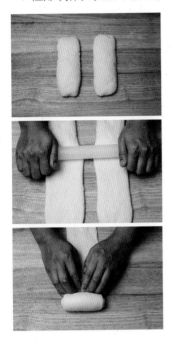

9 2 个擀卷后的面团放在一个模具中，在温度 32 ℃、湿度 78% 环境下最后发酵 60 分钟，至面团涨至九分满。

10 送入预热好的烤炉中，以上火 170 ℃、下火 220 ℃ 烘烤 18~20 分钟。出炉，轻振模具，倒出吐司放凉。

温泉养乐多吐司

液种法

模具
DS1920051
无馅

这次用水浴法，让面团在"浴缸"里完成基础发酵。因为配方中有乳酸菌饮料和酸奶，它们含有活的乳酸菌（得是冷藏保存或者新鲜制成的产品），而乳酸菌的最适活跃温度比酵母菌高一些，大约是 40℃（如果你有在家里酿酸奶就会知道），同时，乳酸菌和酵母菌也是可以共存的，所以，我们用水浴法，让发酵时的温度稍高一些。因为温度较高，酵母菌也很活跃，所以本配方降低了酵母用量，让整体的发酵速度和代谢产物保持在正常区间。

乳酸菌奶制品带来健康的成分，使吐司成品更柔软细腻，且有养乐多的风味。

基本工序

▽ **液种制作** 液种材料搅拌均匀后发酵。

▽ **主面团搅拌** 发酵好的液种面团和主面团材料以慢速、快速搅拌至扩展阶段，加入黄油慢速搅拌至完全阶段，出缸温度 26~28℃。

▽ **基础发酵** 70~80 分钟。

▽ **分割** 面团 130g/ 个（2 个一组共 260g）。

▽ **松弛发酵** 20 分钟。

▽ **整形** 面团排气，擀开卷起，放入模具。

▽ **最后发酵** 60 分钟，至九分满。

▽ **烘烤** 上火 180℃，下火 220℃，烘烤 16~18 分钟。

面团配方

可做 2 个

材料	重量 /g	比例
A 部分		
高筋粉（王后柔风吐司粉）	15	5.0%
酸奶	15	5.0%
酵母	0.2	0.1%
B 部分		
高筋粉（王后柔风吐司粉）	285	95.0%
砂糖	30	10.0%
盐	4.5	1.5%
酵母	1.8	0.6%
乳酸菌饮料（养乐多）	120	40.0%
酸奶	65	21.7%
炼奶	36	12.0%
C 部分		
黄油	30	10.0%
合计	**602.5**	**200.8%**

制作过程

1 将材料 A 部分拌匀，室温下发酵 3~4 小时或冰箱冷藏发酵 12~15 小时成为液种。

2 将液种与材料 B 部分混合，以慢速搅拌至无干粉后，转快速搅拌至扩展阶段。

3 加入软化黄油，慢速搅拌至完全阶段，此时面团温度 26~28℃。

4 整理面团成表面光滑的球状，以隔水的方式保持 45℃ 环境，进行基础发酵 70~80 分钟。

5 面团分割成 130g/ 个，轻拍排出大气泡。

6 将面团滚圆，整齐摆放。

7 在室温下静置 20 分钟，至面筋松弛。

8 手拍排气后，收成柱形，再擀长，翻面并压薄己端，卷起。

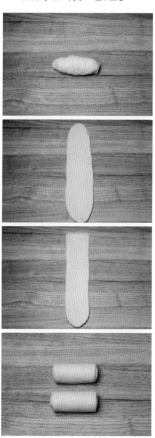

9 2个擀卷后的面团放在一个模具中，在温度 32 ℃、湿度 78% 环境下最后发酵 60 分钟，至面团涨至九分满。

10 送入预热好的烤炉中，以上火 180 ℃、下火 220 ℃ 烘 烤 16~18 分钟。出炉，轻振模具，倒出吐司放凉。

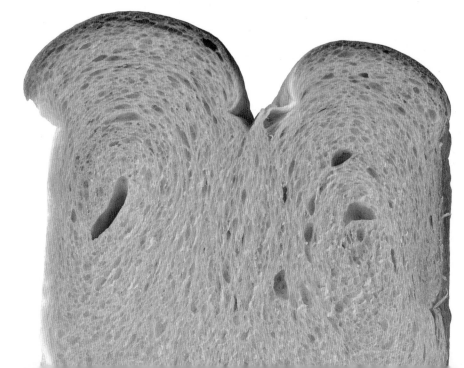

布里欧修吐司

法式老面法

模具
SN2067

无馅

高比例蛋油是布里欧修的典型特点，要做好这类面包，温度控制是关键。这里采用发酵前材料先经过冷藏的方法，这样面团温度降低，并且进行了充分的水合，有助于减少后面的搅拌时长，使面团顺利达到搅拌完成状态。

配方中盐的比例较一般吐司高，柠檬皮屑可有效中和"油腻感"，成品组织松软细腻，奶香浓郁，口感轻盈，回味厚重。

基本工序

▽ **搅拌准备** 柠檬皮屑以砂糖渍 12 小时。

▽ **面团搅拌** 部分材料慢速搅拌，冷藏，再全部混合后以慢速、快速搅拌至完全阶段，出缸温度 25℃。

▽ **基础发酵** 冷藏 2 小时。

▽ **分割** 面团 40g/ 个（6 个一组共 240g）。

▽ **松弛发酵** 10 分钟。

▽ **整形** 面团滚圆，6 个一组，放入模具。

▽ **最后发酵** 60 分钟，至八分满。

▽ **装饰烘烤** 刷蛋液，撒珍珠糖，以上火 180℃、下火 220℃，烘烤 18~20 分钟。

表面 蛋液，珍珠糖

面团配方 可做 4 个

材料	重量 /g	比例
A 部分		
砂糖	64	16.2%
柠檬皮屑	半个	
B 部分		
高筋粉（王后硬红）	225	57.0%
法国粉（伯爵 T65）	170	43.0%
海藻糖	13	3.3%
奶粉	7	1.8%
鸡蛋	213	53.9%
水	43	10.9%
C 部分		
鲜酵母	17	4.3%
法式老面	64	16.2%
D 部分		
盐	8.5	2.2%
黄油	128	32.4%
合计	约 970	241.2%

制作过程

1 将材料A部分拌匀，密封冷藏12小时。

2 将材料B部分倒入搅拌缸中，以慢速搅拌至无干粉状态，取出压扁，置于冰箱冷藏2小时。

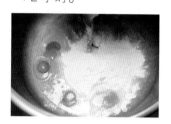

3 取出上步成品投入搅拌缸中，依次加入步骤1成品、材料C部分，以低速、高速搅拌至扩展阶段。

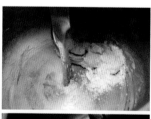

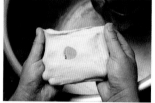

4 加入盐，分次加入软化黄油慢速搅拌至八分筋，此时面团温度25℃。

5 整理面团成表面光滑的球状，压扁，置于冰箱冷藏发酵2小时。

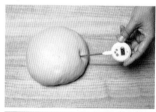

6 分割面团成40g/个。

7 将面团滚圆，整齐摆放。在室温环境下静置10分钟，至面筋松弛。

8 依次滚圆每个松弛好的面团。

9 6个完成滚圆的面团放在一个吐司模具中，在温度30℃、湿度78%环境下最后发酵60分钟，至面团涨至模具八分满。

10 表面刷蛋液，撒珍珠糖。

11 送入预热好的烤炉中，以上火180℃、下火220℃烘烤18~20分钟。出炉，轻振模具，倒出吐司放凉。

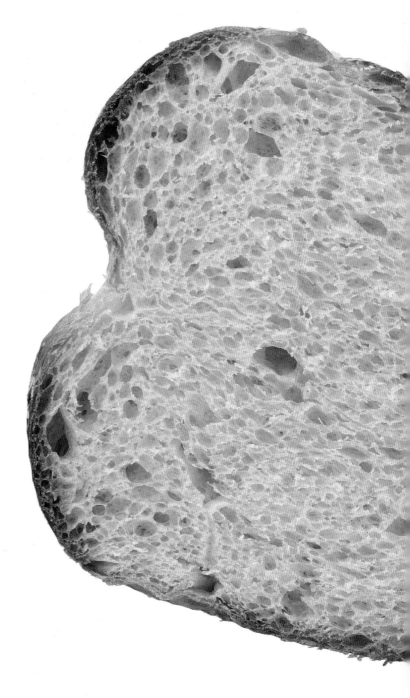

德式奶油吐司

直接法

本配方含水量较低一些，选择的面粉蛋白质含量也较低一些。在面团搅拌过程中，注意低速和高速时间的把控，将一部分黄油在面筋初步形成时加入，搅拌时间会相应缩短。

香草精的加入使此款吐司香味更具特点。

基本工序

▽ **面团搅拌** 材料慢速、快速搅拌至扩展阶段，加入黄油慢速搅拌至完全阶段，出缸温度 25~26℃。

▽ **基础发酵** 60 分钟。

▽ **分割** 面团 240g。

▽ **松弛发酵** 20 分钟。

▽ **整形** 面团排气，擀开，卷起，表面划 45°斜纹，放入模具。

▽ **最后发酵** 60 分钟，至九分满。

▽ **装饰烘烤** 刷蛋奶液，以上火 190℃、下火 220℃，烘烤 16~18 分钟。

表面 蛋奶液

面团配方 可做 3 个

材料	重量 /g	比例
A 部分		
高筋粉（王后硬红）	380	100.0%
砂糖	38	10.0%
盐	4.6	1.2%
鲜酵母	19	5.0%
牛奶	205.2	54.0%
鸡蛋	26.6	7.0%
香草精	1.5	0.4%
B 部分		
黄油	76	20.0%
合计	750.9	197.6%

制作过程

1 将材料A部分倒入搅拌缸中，以慢速搅拌至无干粉后，转快速搅拌至扩展阶段。

2 加入软化黄油，慢速搅拌至完全阶段，此时面团温度25~26℃。

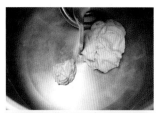

3 整理面团成表面光滑的球状，在温度28℃、湿度75%环境下进行基础发酵60分钟。

4 面团分割成240g/个，轻拍面团使大气泡排出。

5 将面团滚圆，整齐摆放。

6 在基础发酵的环境下静置20分钟，至面筋松弛。

7 手拍排气后，收成柱形，再擀长，翻面、压薄己端、卷起。

8 用割包刀划 45°斜纹，放入模具。

10 表面刷蛋奶液，送入预热好的烤炉中，以上火190℃、下火220℃烘烤16~18分钟。出炉，轻振模具，倒出吐司放凉。

9 在温度 32℃、湿度78% 环境下最后发酵60分钟，至面团涨至九分满。

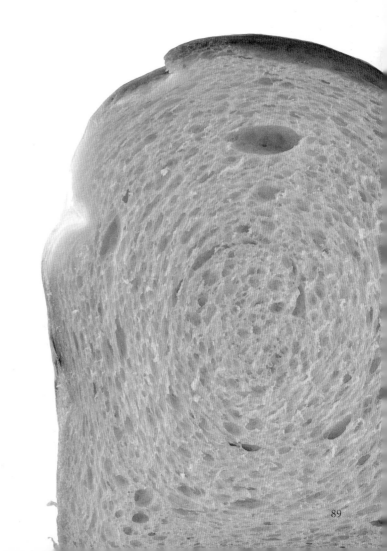

30% 全麦烫种吐司

烫种法

模具
DS1920051
无馅

将全麦粉制成烫种，使全麦的口感更加柔和。在主面团面粉的选择上，则选择蛋白质含量较高的品种，可以中和掉全麦粉带来的面团筋性弱、膨胀力弱的不足。

因全麦粉比例较高，所以面团整形时未使用擀卷的方式，避免损伤面筋。

基本工序

▽ **搅拌准备** 提前 1 天制作全麦烫种，冷藏备用。

▽ **面团搅拌** 材料慢速、快速搅拌至扩展阶段，加入黄油慢速搅拌至完全（九分筋），出缸温度 26~28℃。

▽ **基础发酵** 60 分钟。

▽ **分割** 面团 130g/ 个（2 个一组共 260g）。

▽ **松弛发酵** 20 分钟。

▽ **整形** 面团排气，压扁，整圆，收成橄榄形，2 个一组放入模具。

▽ **最后发酵** 60 分钟，至九分满。

▽ **烘烤** 上火 200℃，下火 230℃，16~17 分钟。

面团配方

可做 4 个

材料	重量 /g	比例
A 部分		
全麦粉（王后）	159	30.0%
95℃热水	202.2	38.1%
B 部分		
高筋粉（王后日式吐司粉）	371	70.0%
砂糖	31.4	5.9%
奶粉	15.7	3.0%
盐	9.8	1.9%
鲜酵母	13.7	2.6%
水	233.6	44.1%
蜂蜜	15.7	3.0%
C 部分		
黄油	43.2	8.1%
合计	**1095.3**	**206.7%**

制作过程

1 将材料 A 部分中的全麦粉放入缸内，倒入 95℃热水，快速搅拌均匀，取出,冷藏一夜。

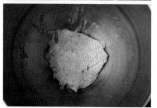

2 将材料 B 部分倒入搅拌缸中，以慢速搅拌至无干粉后，转快速搅拌至扩展阶段。

3 加入前面做好的全麦烫种和软化黄油，慢速搅拌至完全阶段，完成时面团温度 26~28℃。

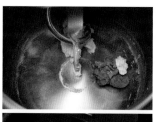

4 整理面团成表面光滑的球状，在温度 28℃、湿度 75% 环境下进行基础发酵 60 分钟。

5 面团分割成 130g/个，轻拍面团使大气泡排出。

6 将面团滚圆，整齐摆放。

7 在基础发酵的环境下静置 20 分钟，至面筋松弛。

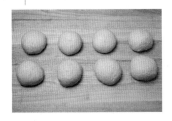

8 将面团大气泡排出并压扁，两次折叠，整成圆形。单手收成橄榄型，2 个一组放在模具中。

9 在温度 32℃、湿度 78% 环境下最后发酵 60 分钟，至面团涨至九分满。

10 加盖，送入预热好的烤炉中，以上火 200℃、下火 230℃烘烤 16~17 分钟。出炉，轻振模具，倒出吐司放凉。

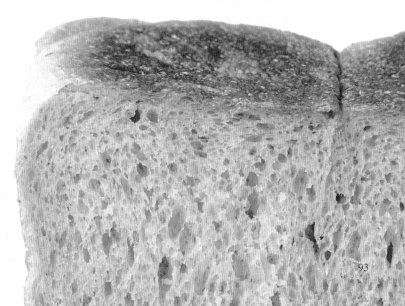

3 / 花式吐司

日式提子吐司

双种法

模具
SN2067
无馅

这款吐司的想法来源于日式甜面包，成品内部组织色浅黄，柔软细腻，断口性和化口性好。制作中采用了中种＋鲁邦天然种的"双种"工艺，让面团膨胀力强，后期老化速度也慢。

配方中液材和糖的比例较高，鸡蛋的量也较多，搅拌面团有时不好把控，那么可使用"后水法"。

基本工序

▽ **中种制作** 中种材料搅拌均匀后发酵。

▽ **主面团搅拌** 中种和主面团其他材料混合，以慢速、快速搅拌至扩展阶段，加入黄油慢速搅拌至完全阶段，拌入提子干，出缸温度 26~28℃。

▽ **基础发酵** 60 分钟。

▽ **分割** 面团 225g。

▽ **松弛发酵** 20 分钟。

▽ **整形** 面团排气，擀开卷起，放入模具。

▽ **最后发酵** 60 分钟，至八分满。

▽ **装饰烘烤** 刷蛋奶液，以上火 190℃、下火 220℃烘烤 16~18 分钟。

表面 蛋奶液

面团配方 可做6个

材料	重量 /g	比例
中种部分		
高筋粉（王后日式吐司粉）	350	70.0%
鲜酵母	15	3.0%
水	110	22.0%
鸡蛋	125	25.0%
主面团其他 A 部分		
高筋粉（王后日式吐司粉）	150	30.0%
糖	100	20.0%
奶粉	25	5.0%
盐	7.5	1.5%
水	150	30.0%
鲁邦种	50	10.0%
主面团其他 B 部分		
黄油	75	15.0%
酒渍提子干	200	40.0%
合计	1357.5	271.5%

制作过程

1 将材料中种部分倒入搅拌缸中，以慢速搅拌均匀后，以温度28℃、湿度75%发酵2~3小时，至2.5~3倍大，面团内部组织呈蜂窝状。

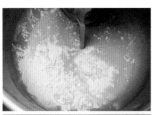

2 将发酵好的中种面团与主面团其他A部分材料混合，以慢速搅拌至无干粉后，转快速搅拌面筋至扩展阶段。

3 加入软化黄油，慢速搅拌至完全阶段，此时面团温度26~28℃。

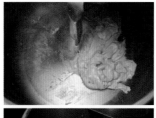

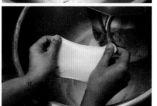

4 慢速拌入酒渍提子干，混合均匀后整理面团成表面光滑的球状，在温度28℃、湿度75%环境下进行基础发酵60分钟。

5 面团分割成225g/个，轻拍面团使大气泡排出。

6 将面团滚圆，整齐摆放。

7 在基础发酵的环境下静置 20 分钟，至面筋松弛。

8 手拍面团排气，擀开，控制好宽度，卷起，放入模具。

9 在温度 32℃、湿度 78% 环境下最后发酵 60 分钟，至面团涨至模具八分满。

10 刷蛋奶液，送入预热好的烤炉中，以上火 190℃、下火 220℃烘烤 16~18 分钟。出炉，轻振模具，倒出吐司放凉。

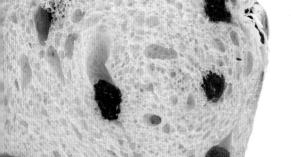

百香菠萝吐司

直接法

为了呈现这款吐司的特点，配方中液材较少，所以搅打面团时可延长一些慢速运行的时间，使干湿材料充分糅合。

吐司成品气孔均匀，层次分明，化口性好，外裹菠萝皮，内覆百香果奶酪馅，口感细腻突出。

基本工序

▽**面团搅拌** 材料以慢速、快速搅拌至扩展阶段，加入黄油慢速搅拌至完全阶段，出缸温度 26~28℃。

▽**基础发酵** 60 分钟。

▽**分割** 面团 240g。

▽**松弛发酵** 20~25 分钟。

▽**整形** 面团排气，擀开，抹馅，卷起，包裹菠萝皮，放入模具。

▽**最后发酵** 60 分钟，至八分满。

▽**装饰烘烤** 刷蛋奶液，以上火 190℃、下火 220℃烘烤 20~22 分钟。

表面 菠萝皮面团，蛋奶液

内馅 百香果奶酪馅

面团配方 可做4个

材料	重量 /g	比例
A 部分		
高筋粉（王后柔风吐司粉）	500	100.0%
砂糖	60	12.0%
奶粉	20	4.0%
鲜酵母	17.5	3.5%
盐	8	1.6%
蜂蜜	12	2.4%
牛奶	280	56.0%
鸡蛋	50	10.0%
B 部分		
黄油	60	12.0%
合计	**1007.5**	**201.5%**

制作过程

1 将材料A部分倒入搅拌缸中,以慢速搅拌至无干粉后,转快速搅拌至扩展阶段。

2 加入软化黄油慢速搅拌至完全阶段,此时面团温度26~28℃。

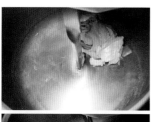

3 整理面团成表面光滑的球状,在温度28℃、湿度75%环境下进行基础发酵60分钟。

4 面团分割成240g/个,轻拍面团使大气泡排出。

5 将面团滚圆,整齐摆放。在基础发酵的环境下静置20~25分钟,至面筋松弛。

6 手拍面团将大气泡排出,擀开,翻面压薄己侧并抹85g百香果菠萝馅,卷起。

7 做好菠萝皮面团,分成110g/个,擀开,刷蛋液。

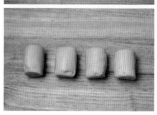

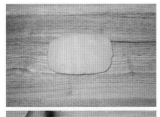

9 面团放入模具中，在温度 32℃、湿度 78% 环境下最后发酵 60 分钟，涨至八分满。

8 将第 6 步擀卷好的面团收口朝上地放在菠萝皮上，用刮板辅助两侧菠萝皮粘上面团，再翻转面团使菠萝皮朝上。

10 刷蛋奶液，送入预热好的烤炉中，以上火 190℃、下火 220℃烘烤 20~22 分钟。出炉，轻振模具，倒出吐司放凉。

百香果奶酪馅

材料	重量 /g
奶酪	250
炼乳	40
百香果	40
卡仕达粉	15
合计	345

▼

制作方法 以上材料搅拌均匀。

菠萝皮

材料	重量 /g
黄油	100
糖粉	83
鸡蛋	50
奶粉	20
高筋粉	200
合计	453

制作方法 黄油软化，加糖粉拌匀，分次加入鸡蛋拌匀，加入其余材料拌匀。

枫糖核桃吐司

直接法

　　一款流行的花式吐司。应用开酥的方法将枫糖馅料擀压在面层中，再翻折面团，使得吐司成品呈现出漂亮的花纹。

　　使用高筋面粉保证面团膨胀力的同时，大量蛋奶的添加有利于面筋组织的软化，这样擀压夹层时阻力较小，面包成品柔软。

　　配方中液体比例较高，混合材料时可暂留 10% 的牛奶，待搅拌至面筋接近扩展状态时加入，这样可缩短搅拌时间。

基本工序

▽ **面团搅拌** 材料慢速、快速搅拌至完全阶段，出缸温度 26~28℃。

▽ **分割** 面团 250g。

▽ **面团冷冻** 30~40 分钟。

▽ **裹夹层折叠** 三折 2 次。

▽ **整形** 三折后，面团整理成 15cm×7cm，中间切开，上下翻折，放入模具。

▽ **最后发酵** 60 分钟，至八分满。

▽ **装饰烘烤** 刷蛋奶液，以上火 180℃、下火 220℃烘烤 16~18 分钟。

表面 蛋奶液，核桃

内馅 枫糖夹层

面团配方 可做 4 个

材料	重量 /g	比例
A 部分		
高筋粉（王后柔风吐司粉）	500	100.0%
砂糖	75	15.0%
盐	9	1.8%
鲜酵母	20	4.0%
蛋黄	60	12.0%
鸡蛋	150	30.0%
牛奶	150	30.0%
B 部分		
黄油	100	20.0%
合计	**1064**	**212.8%**

制作过程

1 将材料 A 部分倒入搅拌缸中（牛奶预留约 10%），以慢速搅拌至有一定的筋性，加入预留牛奶慢速搅拌至被面团完全吸收后，转快速搅拌至扩展阶段。

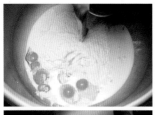

2 加入软化黄油慢速搅拌至完全阶段，此时面团温度 26~28℃。

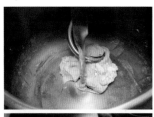

3 整理面团成表面光滑的球状，分割成 250g/个，滚圆，压扁，而后用保鲜膜包好冷冻 30~40 分钟。

4 将冷冻后的面团擀成长方形面皮，将枫糖夹层（提前冻至和面团一样的硬度）放在面皮上，包裹。

5 擀长至 48cm，旋转 90 度，三折 1 次。

6 冷藏松弛 15 分钟后，擀长至 22cm，三折 1 次。

8 展开对折面团，一端从下往上穿过中间切口再翻出，另一端从上往下穿过中间切口再翻出，放入模具。

10 放上核桃。送入预热好的烤炉中，以上火 180℃、下火 220℃烘烤 16~18 分钟。出炉，轻振模具，倒出吐司放凉。

7 面团左右对折，离边缘 1.5cm 处切开。

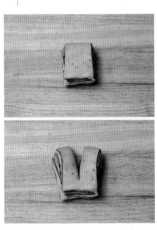

9 在温度 32℃，湿度 78% 环境下最后发酵 60 分钟，至面团涨至八分满。表面刷蛋奶液。

枫糖夹层

材料	重量 /g
鸡蛋	84
砂糖	50
枫糖浆	108
高筋粉	72
玉米淀粉	24
可可粉	8
牛奶	120
黄油	60
吉利丁片	3.6
合计	529.6

▼

制作方法

1.吉利丁片泡软，鸡蛋、砂糖、枫糖浆、粉类拌匀。

2.牛奶煮开倒入，搅匀，倒入锅中以小火边煮边搅，至浓稠，加入黄油搅匀，最后加入泡好的吉利丁搅匀。

3.略放凉后倒在油纸上整理成长方形，冷藏备用。

紫米吐司

烫种法

模具
定制小模具
有馅

选用云南血糯紫米，煮成紫米饭拌入面团中，还调制成紫米馅卷入面团，香软糯甜、犹有颗粒，让吐司吃起来有立体感、层次感。

配方中面粉的蛋白质含量高达 14.1%，有效中和了紫米和烫种造成的面筋组织弱化的影响。淡奶油除了可增加风味，还可提高面团的膨胀力。

基本工序

▽**面团搅拌** 材料以慢速、快速搅拌至扩展阶段，加入烫种、黄油慢速搅拌至完全阶段，加入紫米饭拌均，出缸温度 26~28℃。

▽**基础发酵** 60 分钟。

▽**分割** 面团 65g/ 个（2 个一组共 130g）。

▽**松弛发酵** 15 分钟。

▽**整形** 面团排气，收成柱形，擀开，抹馅卷起，2 个一组，放入模具。

▽**最后发酵** 50 分钟，至九分满。

▽**烘烤** 上火 180℃，下火 230℃，烘烤 16~18 分钟。

内馅 紫米馅

面团配方 可做 4 个

材料	重量 /g	比例
A 部分		
高筋粉（王后日式吐司粉）	220	100.0%
砂糖	22	10.0%
盐	3.3	1.5%
鲜酵母	6.6	3.0%
水	132	60.0%
淡奶油	33	15.0%
蜂蜜	12.1	5.5%
B 部分		
黄油	17.6	8.0%
烫种	22	10.0%
C 部分		
紫米饭（做法另附）	66	30.0%
合计	**534.6**	**243.0%**

制作过程

1 将面团材料A部分倒入搅拌缸中，以慢速搅拌至无干粉后，转快速搅拌至扩展阶段。

2 加入软化黄油、烫种，慢速搅拌至完全阶段，加入紫米饭，慢速拌匀，完成时面团温度26~28℃。

3 整理面团成表面光滑的球状，在温度28℃、湿度75%环境下进行基础发酵60分钟。

4 面团分割成65g/个，轻拍面团使大气泡排出。

5 将面团滚圆，整齐摆放。在基础发酵的环境下静置15分钟，至面筋松弛。

6 手拍面团将大气泡排出后面团收成柱形，擀长，翻面并压薄己端，抹 15g 紫米馅，卷起。

7 2 个面团放在一个模具中，在温度 32℃、湿度 78% 环境下最后发酵 50 分钟，至面团涨至八分满。

8 送入预热好的烤炉中，以上火 180℃，下火 230℃，烘烤 16~18 分钟。出炉，轻振模具，倒出吐司放凉。

紫米馅

材料	重量 /g
紫米饭（做法见下）	102
砂糖	9
红酒	3.5
黄油	10.5
合计	125

▼

制作方法 混合搅拌均匀。

紫米饭

材料	重量 /g
紫米	100
水	175
合计	275

▼

制作方法 混合后煮熟。

日式南瓜吐司

直接法

模具
DS1920308
有馅

　　面团中南瓜泥的烘焙百分比高达 30%，让吐司富有南瓜的色泽和味道。

　　但高比例的南瓜泥会拉低面筋的强度，所以面粉选择蛋白质含量高达 14.1% 的品种来进行弥补。搅拌时面团达到九分筋即可，要避免搅拌过度，导致最后发酵膨胀力不够。

基本工序

▽**面团搅拌** 材料以慢速、快速搅拌至扩展阶段，加入黄油慢速搅拌至完全阶段，出缸温度 26~28℃。

▽**基础发酵** 60 分钟。

▽**分割** 面团 100g/ 个。

▽**松弛发酵** 15 分钟。

▽**整形** 面团排气，压扁，包馅收圆，放入模具。

▽**最后发酵** 50 分钟，至九分满。

▽**装饰烘烤** 放南瓜子，以上火 200℃、下火 220℃烘烤 13~15 分钟。

表面 南瓜子

内馅 奶香南瓜馅

面团配方 可做 10 个

材料	重量 /g	比例
A 部分		
高筋粉（王后日式吐司粉）	500	100.0%
砂糖	60	12.0%
奶粉	20	4.0%
盐	5	1.0%
鲜酵母	15	3.0%
水	175	35.0%
鸡蛋	75	15.0%
南瓜泥	150	30.0%
B 部分		
黄油	30	6.0%
合计	**1030**	**206.0%**

制作过程

1 将面团材料A部分倒入搅拌缸中，以慢速搅拌至无干粉后，转快速搅拌至扩展阶段。

2 加入软化黄油慢速搅拌至完全阶段，完成时面团温度26~28℃。

3 整理面团成表面光滑的球状，在温度28℃、湿度75%环境下进行基础发酵60分钟。

4 面团分割成100g/个，轻拍面团使大气泡排出。

5 将面团滚圆，整齐摆放。在基础发酵的环境下静置15分钟，至面筋松弛。

6 手拍面团将大气泡排出后压扁、翻面，每个包40g奶香南瓜馅，捏紧收口。

7 放在模具中，在温度 32℃、湿度 78% 环境下最后发酵 50 分钟，至面团涨至九分满。

8 面团表面喷水，放 4 粒南瓜子，加盖，送入预热好的烤炉中，以上火 200℃、下火 220℃ 烘烤 13~15 分钟。出炉，轻振模具，倒出吐司放凉。

奶香南瓜馅

材料	重量 /g
南瓜	100
牛奶	225
淡奶油	25
奶油奶酪	50
砂糖	62.5
低筋粉	12.5
黄油	50
合计	525

▼

制作方法

1. 南瓜烤熟后放凉，捣成泥。

2. 淡奶油、牛奶煮开后加入砂糖，再次煮开后分次加入奶油奶酪，待其完全溶化均匀后加入低筋粉搅拌，小火熬至纹理缓慢消散后离火。

3. 加入黄油拌匀，加入南瓜泥拌匀。

玉米吐司

直接法

模具
DS1920219
有馅

本配方中液体比例较低，黄油在面团搅拌的前期投入，面团搅拌的程度不宜过，建议达到九分筋即可。配方中黄油比例相对较高，面团基础发酵的时间适当缩短。

玉米粒投入搅拌缸前要沥干水分，以免影响面团的含水量和软硬度。

基本工序

▽ **面团搅拌** 材料以慢速、快速搅拌至完全阶段，加入玉米粒拌匀，出缸温度 25~26℃。

▽ **基础发酵** 30 分钟。

▽ **分割** 面团 130g/ 个（2 个一组共 260g）。

▽ **松弛发酵** 20 分钟。

▽ **整形** 面团排气，擀开，抹酸奶酱，铺玉米粒，卷起，2 个一组放入模具。

▽ **最后发酵** 60 分钟，至九分满。

▽ **装饰烘烤** 撒一层玉米粉，以上火 180℃、下火 220℃烘烤 16~18 分钟。

面团配方	内馅	表面
可做 4 个	酸奶酱，玉米粒	玉米粉

材料	重量 /g	比例
A 部分		
高筋粉（王后柔风吐司粉）	450	100.0%
砂糖	45	10.0%
干酵母	5.9	1.3%
盐	5.4	1.2%
奶粉	18	4.0%
牛奶	270	60.0%
鸡蛋	45	10.0%
黄油	67.5	15.0%
B 部分		
玉米粒	180	36.0%
合计	**1086.8**	**237.5%**

制作过程

1 将面团材料倒入搅拌缸中，以慢速搅拌至无干粉后，转快速搅拌至完全状态。

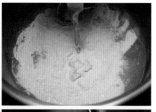

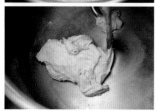

2 加入已沥干的玉米粒拌匀，完成时面团温度25~26℃。

3 整理面团成表面光滑的球状，在温度28℃、湿度75%环境下进行基础发酵30分钟。

4 面团分割成130g/个，轻拍面团使大气泡排出。

5 将面团滚圆，整齐摆放。在基础发酵的环境下静置20分钟，至面筋松弛。

6 手拍面团将大气泡排出后擀开、压薄己侧，抹15g酸奶酱，铺20g玉米粒，卷起并收紧底口，2个一组放入模具中。

7 在温度32℃、湿度78%的环境下最后发酵60分钟，至面团涨至九分满。

8 表面撒一层玉米粉，送入预热好的烤炉中，以上火180℃、下火220℃烘烤16~18分钟。出炉，轻振模具，倒出吐司放凉。

酸奶酱

材料	重量/g
牛奶	150
酸奶	100
砂糖	50
奶油奶酪	50
低筋粉	25
黄油	20
合计	395

▼

制作方法

1. 牛奶、酸奶煮开后加入砂糖，再次煮开后分次加入奶油奶酪，待其完全溶化均匀后加入低筋粉搅拌，小火熬至纹理缓慢消散后离火。

2. 加入黄油拌匀。

黄豆荔枝吐司

直接法

模具
DS1920219
无馅

黄豆粉和荔枝的搭配是本款的特色，熟黄豆粉带来浓郁的豆香味，和酒渍荔枝干的味道相互衬托，相得益彰。吐司表皮的杏仁蛋白霜可以激发更强烈的食欲。

基本工序

▽**面团搅拌** 材料以慢速、快速搅拌至扩展阶段，加入黄油慢速搅拌至完全阶段，加入荔枝干拌匀，出缸温度 26~28℃。

▽**基础发酵** 60 分钟。

▽**分割** 面团 125g/ 个（2 个一组共 250g）。

▽**松弛发酵** 20 分钟。

▽**整形** 面团排气，压扁，整成圆形，2 个一组放入模具。

▽**最后发酵** 60 分钟，至九分满。

▽**装饰烘烤** 挤杏仁蛋白霜，撒糖粉，以上火 180℃、下火 220℃烘烤 16~18 分钟。

面团配方（表面）

可做 4 个

杏仁蛋白霜，糖粉

材料	重量 /g	比例
A 部分		
高筋粉（王后柔风吐司粉）	500	100.0%
熟黄豆粉	40	8.0%
砂糖	30	6.0%
盐	7.5	1.5%
鲜酵母	16	3.2%
水	380	76.0%
B 部分		
黄油	45	9.0%
C 部分		
酒渍荔枝干	50	10.0%
合计	1068.5	213.7%

制作过程

1 将面团材料A部分倒入搅拌缸中，以慢速搅拌至无干粉后，转快速搅拌至扩展阶段。

2 加入软化黄油，慢速搅拌至完全阶段，加入酒渍荔枝干拌匀，完成时面团温度26~28℃。

3 整理面团成表面光滑的球状，在温度28℃、湿度75%环境下进行基础发酵60分钟。

4 面团分割成125g/个，轻拍面团使大气泡排出。

5 将面团滚圆，整齐摆放。在基础发酵的环境下静置20分钟，至面筋松弛。

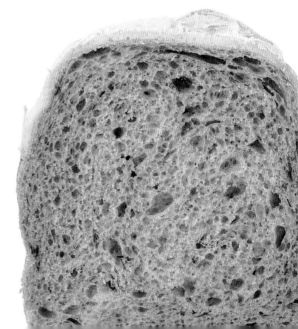

6 | 手拍面团将大气泡排出，压扁，两次对折，整理成圆形，2个一组放入模具中。

7 | 在温度32℃、湿度78%环境下最后发酵60分钟，至面团涨至九分满。

8 | 表面挤一层杏仁蛋白霜，撒一层糖粉，送入预热好的烤炉中，以上火180℃、下火220℃烘烤16~18分钟。出炉，轻振模具，倒出吐司放凉。

杏仁蛋白霜

材料	重量 /g
蛋白	75
砂糖	60
杏仁粉	90
盐	1
合计	226

▼

制作方法

蛋白打散，加砂糖搅拌均匀，加杏仁粉、盐拌匀。

酒渍荔枝干

材料	重量 /g
荔枝干	50
荔枝酒	5

▼

制作方法

搅拌均匀，放置24小时。

金瓜薯薯吐司

模具
DS1920219
有馅

烫种法

面团配方中用了大量的地瓜泥。为了增加吐司成品的 Q 弹，添加了 15% 烫种，选用的面粉蛋白质含量较高，达到 14.1%。面团搅拌时达到九分筋即可；若搅拌过度，最后发酵膨胀力不够。

基本工序

▽**面团搅拌** 材料以慢速、快速搅拌至扩展阶段，加入烫种、黄油慢速搅拌至完全阶段，出缸温度 26~28℃。

▽**基础发酵** 60 分钟。

▽**分割** 面团 130g/ 个（2 个一组共 260g）。

▽**松弛发酵** 20 分钟。

▽**整形** 面团排气，压扁，包馅，收成圆形，2 个一组放入模具。

▽**最后发酵** 60 分钟，至九分满。

▽**装饰烘烤** 撒奶粉，剪米字口，以上火 180℃、下火 220℃烘烤 16~18 分钟。

表面　内馅　面团配方

奶粉　地瓜馅　可做 4 个

材料	重量 /g	比例
A 部分		
高筋粉（王后日式吐司粉）	500	100.0%
砂糖	45.6	9.1%
盐	8.6	1.7%
奶粉	10	2.0%
鲜酵母	17.6	3.5%
水	178	35.6%
淡奶油	20	4.0%
熟地瓜泥	222	44.4%
B 部分		
烫种	75.6	15.1%
黄油	35.6	7.1%
合计	**1113**	**222.5%**

制作过程

1 将面团材料 A 部分倒入搅拌缸中，以慢速搅拌至无干粉后，转快速搅拌至扩展阶段。

2 加入烫种、软化黄油，慢速搅拌至完全阶段，此时面团温度 26~28℃。

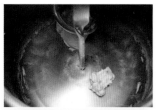

3 整理面团成表面光滑的球状，在温度 28℃、湿度 75% 环境下进行基础发酵 60 分钟。

4 面团分割成 130g/个，轻拍面团使大气泡排出。

5 将面团滚圆，整齐摆放。在基础发酵的环境下静置 20 分钟，至面筋松弛。

6 手拍面团将大气泡排出，压扁，翻面，包入 30g 地瓜馅，收紧底口。

7 2个一组放入模具中，在温度32℃、湿度78%环境下最后发酵60分钟，至面团涨至九分满。

8 表面撒一层奶粉，剪米字口。送入预热好的烤炉中，以上火180℃、下火220℃烘烤16~18分钟。出炉，轻振模具，倒出吐司放凉。

地瓜馅

材料	重量 /g
熟地瓜泥	200
砂糖	24
奶粉	16
蜂蜜	8.8
合计	248.8

▼
制作方法
所有材料搅拌均匀。

百变香芋吐司

直接法

使用 20% 伯爵 T65 面粉，面包体的麦香味更足。

搭配自制芋泥，使得这款吐司更接地气，风味更加淳朴。

基本工序

▽ **面团搅拌** 材料以慢速、快速搅拌至扩展阶段，加入黄油慢速搅拌至完全阶段，出缸温度 26~28℃。

▽ **基础发酵** 60 分钟。

▽ **分割** 面团 240g。

▽ **松弛发酵** 20 分钟。

▽ **整形** 面团排气，擀开，抹芋泥馅，卷起，切段，交叉放入模具。

▽ **最后发酵** 60 分钟，至九分满。

▽ **装饰烘烤** 刷蛋奶液，以上火 180℃、下火 220℃烘烤 16~18 分钟。

表面	内馅	面团配方
蛋奶液，紫薯酥菠萝	芋泥馅	可做4个

材料	重量 /g	比例
A 部分		
高筋粉（王后柔风吐司粉）	400	80.0%
法国粉（伯爵 T65）	100	20.0%
砂糖	60	12.0%
盐	8	1.6%
鲜酵母	17.5	3.5%
奶粉	20	4.0%
蜂蜜	12	2.4%
鸡蛋	50	10.0%
牛奶	280	56.0%
B 部分		
黄油	60	12.0%
合计	**1007.5**	**201.5%**

制作过程

1 | 将面团材料 A 部分倒入搅拌缸中，以慢速搅拌至无干粉后，转快速搅拌至扩展阶段。

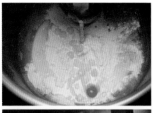

3 | 整理面团成表面光滑的球状，在温度28℃、湿度75%环境下进行基础发酵60分钟。

5 | 将面团滚圆，整齐摆放。在基础发酵的环境下静置20分钟，至面筋松弛。

2 | 加入软化黄油，慢速搅拌至完全阶段，此时面团温度26~28℃。

4 | 面团分割成240g/个，轻拍面团使大气泡排出。

6 手拍面团排气后，擀开，抹芋泥馅，卷起，切成 5 段，交叉放入模具。

7 在温度 32℃、湿度 78% 环境下最后发酵 60 分钟，至面团涨至九分满。

8 表面刷蛋奶液，撒紫薯酥菠萝，送入预热好的烤炉中，以上火 180℃、下火 220℃ 烘烤 16~18 分钟。出炉，轻振模具，倒出吐司放凉。

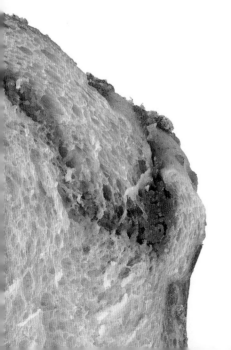

芋泥馅

材料	重量 /g
芋泥	260
紫薯泥	60
牛奶	80
砂糖	32
黄油	16
合计	448

▼

制作方法
材料前 4 项混合拌匀后，平铺在烤盘上，以小火烘烤至一定浓稠度，加入黄油拌匀。

紫薯酥菠萝

材料	重量 /g
黄油	28
砂糖	20
低粉	47
紫薯粉	5
合计	100

▼

制作方法
所有材料搅拌成酥粒状。

香肠焗土豆吐司

直接法

模具
SN2067

有馅

两款面粉的搭配保证面筋的支撑力，让吐司成品更柔软。

内馅用土豆泥和香肠搭配，咸香味浓郁。

表面的土豆片在预制时把控好"断生但不烂"的状态。

基本工序

▽ **面团搅拌** 材料以慢速、快速搅拌至扩展阶段，加入黄油慢速搅拌至完全阶段，出缸温度 26~28℃。

▽ **基础发酵** 60 分钟。

▽ **分割** 面团 250g。

▽ **松弛发酵** 20 分钟。

▽ **整形** 面团排气，擀开，铺馅，卷起，放入模具。

▽ **最后发酵** 60 分钟，至九分满。

▽ **装饰** 割包，挤色拉酱，铺半熟土豆片，撒马苏里拉芝士。

▽ **烘烤** 上火 180℃，下火 220℃，16~18 分钟。

面团配方 可做 4 个

内馅 土豆馅，香肠片

表面 沙拉酱（丘比），马苏里拉芝士，半熟土豆片，

材料	重量 /g	比例
A 部分		
高筋粉（王后柔风吐司粉）	392	70.0%
高筋粉（日清山茶花粉）	168	30.0%
砂糖	56	10.0%
盐	10	1.8%
奶粉	16	2.9%
干酵母	6	1.1%
水	302	53.9%
鸡蛋	28	5.0%
淡奶油	56	10.0%
B 部分		
黄油	56	10.0%
合计	**1090**	**194.7%**

制作过程

1 将面团材料A部分倒入搅拌缸中，以慢速搅拌至无干粉后，转快速搅拌至扩展阶段。

2 加入软化黄油，慢速搅拌至完全阶段，此时面团温度26~28℃。

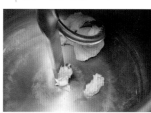

3 整理面团成表面光滑的球状，在温度28℃、湿度75%环境下进行基础发酵60分钟。

4 面团分割成250g/个，轻拍面团使大气泡排出。

5 将面团滚圆，整齐摆放。在基础发酵的环境下静置20分钟，至面筋松弛。

6 手拍面团排气后收成圆柱形，擀开，抹土豆馅、铺香肠片，卷起。

7 放入模具，在温度32℃、湿度78%环境下最后发酵60分钟，至面团涨至九分满。

8 将面团表面正中割开，挤沙拉酱（丘比），向凹槽内填铺半熟土豆片，撒马苏里拉芝士。

9 送入预热好的烤炉中，以上火180℃、下火220℃烘烤16~18分钟。出炉，轻振模具，倒出吐司放凉。

土豆馅

材料	重量 /g
土豆泥	300
蒜粉	10
胡椒粉	5
芝士碎	50
沙拉酱（丘比）	150
合计	515

▼
制作方法

1. 土豆蒸熟后去皮，压碎成土豆泥，放凉。

2. 其余材料拌匀后加入土豆泥，全部搅拌均匀后密封冷藏备用。

半熟土豆片

▼
制作方法

1. 土豆切成长约3cm，宽约2cm的薄片备用。

2. 水烧开，土豆片下水断生，微软即捞出，不控水摆入烤盘内（不要堆叠），放凉后使用。

桂花黄米吐司

直接法

模具
SN2181
有馅

这款吐司使用的模具较矮，对面团膨胀力的要求不高，所以面粉中搭配了低筋粉，拉低蛋白质含量，做成的吐司更软、断口性更好。

桂花黄米馅也是这款吐司的特点，除了有浓郁的桂花香，黄米还占据一定的内部体积，形成米香、麦香的双层口感。

基本工序

▽ **面团搅拌** 材料以慢速、快速搅拌至扩展阶段，加入软化黄油慢速搅拌至完全阶段，出缸温度 26~28℃。

▽ **基础发酵** 60 分钟。

▽ **分割** 30g/ 个（4 个一组共 120g）。

▽ **松弛发酵** 15 分钟。

▽ **整形** 面团排气，包桂花黄米馅，4 个一组放入模具。

▽ **最后发酵** 50 分钟，至九分满。

▽ **装饰烘烤** 刷蛋奶液，以上火 180℃、下火 220℃烘烤 13~15 分钟。

表面	内馅	面团配方
蛋奶液，黄油	桂花黄米馅	可做 8 个

材料	重量 /g	比例
A 部分		
高筋粉（王后柔风吐司粉）	450	90.0%
低筋粉（王后精制）	50	10.0%
砂糖	100	20.0%
盐	6	1.2%
奶粉	25	5.0%
鲜酵母	17.5	3.5%
蛋黄	50	10.0%
鸡蛋	75	15.0%
水	225	45.0%
B 部分		
黄油	70	14.0%
合计	**1068.5**	**213.7%**

制作过程

1 将面团材料A部分倒入搅拌缸中，以慢速搅拌至无干粉后，转快速搅拌至扩展阶段。

2 加入软化黄油，慢速搅拌至完全阶段，此时面团温度26~28℃。

3 整理面团成表面光滑的球状，在温度28℃、湿度75%环境下进行基础发酵60分钟。

4 面团分割成30g/个，拍气。

5 将面团滚圆，整齐摆放。在基础发酵的环境下静置15分钟，至面筋松弛。

6 将面团拍扁，每个挤20g桂花黄米馅，包起。

7 4 个一组，放入模具，在温度 32℃、湿度 78% 环境下最后发酵 50 分钟，至面团涨至模具九分满。

8 表面刷蛋奶液，接缝处挤上黄油。送入预热好的烤炉中，以上火 180℃、下火 220℃烘烤 13~15 分钟。出炉，轻振模具，倒出吐司放凉。

桂花黄米馅

材料	重量 /g
蒸熟黄米	400
桂花酱	120
黄油	80
奶粉	100
合计	700

制作方法
黄米和桂花酱搅匀，加入黄油拌匀，加入奶粉拌匀。

摩卡咖啡吐司

直接法

模具 SN2067
有馅

面团中加入浓缩咖啡粉，带来浓郁咖啡香，面团发酵的时间要适当延长。

因为咖啡粉是在搅拌面团前用热水冲泡的，放凉的过程中会有一些水分蒸发损失，所以在搅拌面团时注意观察水量、适当增加。面团不宜搅拌过度。

基本工序

▽**面团搅拌** 材料以慢速、快速搅拌至扩展阶段，加入黄油慢速搅拌至完全阶段，出缸温度 26~28℃。

▽**基础发酵** 60 分钟。

▽**分割** 面团 240g。

▽**松弛发酵** 20 分钟。

▽**整形** 面团排气，擀开，抹奶酥馅，铺巧克力豆，卷起，放入模具。

▽**最后发酵** 60 分钟，至八分满。

▽**装饰烘烤** 挤咖啡墨西哥酱，撒杏仁片，以上火 180℃、下火 220℃烘烤 16~18 分钟。

材料	重量 /g	比例
A 部分		
热水	230	46.0%
浓缩咖啡粉	20	4.0%
B 部分		
高筋粉（王后柔风吐司粉）	500	100.0%
砂糖	70	14.0%
盐	4	0.8%
鲜酵母	18	3.6%
鸡蛋	100	20.0%
C 部分		
黄油	60	12.0%
合计	**1002**	**200.4%**

面团配方 可做 4 个

内馅 奶酥馅，耐烤巧克力豆

表面 咖啡墨西哥酱，杏仁片

制作过程

1 将面团材料A部分搅拌均匀后，放凉备用。

2 将A部分和B部分倒入搅拌缸中，以慢速搅拌至无干粉后，转快速搅拌至扩展阶段。

3 加入软化黄油，慢速搅拌至完全阶段，此时面团温度26~28℃。

4 整理面团成表面光滑的球状，在温度28℃、湿度75%环境下进行基础发酵60分钟。

5 面团分割成240g/个，轻拍面团使大气泡排出。

6 将面团滚圆，整齐摆放。在基础发酵的环境下静置20分钟，至面筋松弛。

7 手拍面团排气，擀开并压薄己侧，抹奶酥馅、铺耐烤巧克力豆，卷起。

8 放入模具，在温度32℃、湿度78%环境下最后发酵60分钟，至面团涨至八分满。

奶酥馅

材料	重量 /g
黄油	106
糖粉	72
鸡蛋	72
奶粉	150
合计	400

▼
制作方法
软化黄油加糖粉拌匀，分次加入鸡蛋拌匀，加入奶粉拌匀。

9 面团表面挤咖啡墨西哥酱，撒杏仁片，送入预热好的烤炉中，以上火180℃、下火220℃烘烤16~18分钟。出炉，轻振模具，倒出吐司放凉。

咖啡墨西哥酱

材料	重量 /g
黄油	150
砂糖	150
鸡蛋	150
咖啡粉	6
低筋粉	150
合计	666

▼
制作方法
1.黄油砂糖拌匀。

2.鸡蛋、咖啡粉打散拌匀。

3.前两步成品混合拌匀，加入低筋粉拌匀。

说明：此酱作为顶酱用量随意。以上重量在本面团配方中不会用完，余量可冷藏保存半个月。

伯爵红茶吐司

烫种法

模具
DS1920308
有馅

以热水冲泡释出伯爵红茶的浓香，放凉后融入面团，内部再卷入红茶芝士馅，表面撒上红茶酥粒，这款吐司让红茶元素淋漓尽致地体现，茶香、茶色、茶粒，口感厚重、有层次感，但体量轻盈，使用的是边长 7.5cm 的立方小模具。

体积小，外表面积就相对大，面包老化快，所以配方中添加了鲁邦种和烫种，可延缓老化。配方含水量较大，在搅拌面团时可使用后水法。

基本工序

▽**搅拌准备** 用热水冲泡伯爵红茶末，放凉。

▽**面团搅拌** 材料以慢速、快速搅拌至扩展阶段，加入烫种、黄油慢速搅拌至完全阶段，出缸温度 26~28℃。

▽**基础发酵** 60 分钟。

▽**分割** 面团 110g。

▽**松弛发酵** 15 分钟。

▽**整形** 面团排气，擀开，抹馅卷起，切开编辫，放入模具。

▽**最后发酵** 50 分钟，至八分满。

▽**装饰烘烤** 刷蛋液，撒酥粒，以上火 180℃、下火 230℃烘烤 13~15 分钟。

表面 蛋液，红茶酥粒

内馅 红茶芝士馅

面团配方 可做 10 个

材料	重量 /g	比例
A 部分		
高筋粉（王后日式吐司粉）	500	100.0%
砂糖	60	12.0%
盐	7.5	1.5%
奶粉	20	4.0%
伯爵红茶末	10	2.00%
热水	150	30.0%
牛奶	100	20.0%
水	100	20.0%
鲁邦种	50	10.0%
B 部分		
烫种	50	10.0%
黄油	60	12.0%
合计	1107.5	221.5%

制作过程

1 将面团材料A部分倒入搅拌缸中，以慢速搅拌至无干粉后，转快速搅拌至扩展阶段。

2 加入软化黄油、烫种，慢速搅拌至完全阶段，此时面团温度26~28℃。

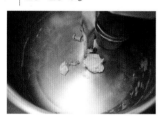

3 整理面团成表面光滑的球状，在温度28℃、湿度75%环境下进行基础发酵60分钟。

4 面团分割成110g/个，轻拍面团使大气泡排出。

5 将面团滚圆，整齐摆放。在基础发酵的环境下静置15分钟，至面筋松弛。

6 手拍面团将大气泡排出，擀开、翻面，抹20g红茶芝士馅,卷起。

7 将卷起后的面团分切成3条，编3股辫（交替将两侧条向中间编起，可参考第204页视频），卷起。

9 表面刷蛋液，撒红茶酥粒，送入预热好的烤炉中，以上火180℃、下火230℃烘烤13~15分钟。出炉，轻振模具，倒出吐司放凉。

8 放入模具，在温度32℃、湿度78%环境下最后发酵50分钟，至面团涨至八分满。

红茶芝士馅

材料	重量 /g
牛奶	270
淡奶油	30
砂糖	30
伯爵红茶末	6
奶油奶酪	60
低筋粉	30
黄油	24
合计	450

▼

制作方法

1. 牛奶和淡奶油煮开，加入砂糖、红茶再次煮开,分次加入奶油奶酪，待其完全溶化均匀后加入低筋粉搅拌，熬至纹理缓慢消散后离火。

2. 加入黄油拌匀。

红茶酥粒

材料	重量 /g
黄油	50
砂糖	50
低筋粉	130
伯爵红茶末	5
合计	235

▼

制作方法

所有材料抓拌至颗粒状。

冲绳黑糖吐司

双种法

　　面团使用中种＋天然酵种的"双种"工艺。面团中揉入较多黑糖（也叫红糖），带来浓郁风味的同时，也会影响到发酵、预膨胀，所以面粉选择了蛋白质含量较高的品种，以提高筋性。

　　面团在搅拌过程中要多留意，避免搅拌过度，破坏保气能力。

基本工序

▽ **中种制作** 中种材料搅拌均匀后发酵。

▽ **主面团搅拌** 发酵好的中种面团和主面团材料以慢速、快速搅拌至扩展阶段，加入黄油慢速搅拌至完全阶段，出缸温度 26~28℃。

▽ **基础发酵** 60 分钟。

▽ **分割** 面团 240g

▽ **松弛发酵** 20 分钟。

▽ **整形** 面团排气，擀开，铺提子干、核桃仁，卷起，割三条斜纹，放入模具。

▽ **最后发酵** 60 分钟，至八分满。

▽ **装饰烘烤** 刷蛋奶液，上火 180℃，下火 220℃，烘烤 15~18 分钟。

表面 蛋奶液

内馅 提子干，核桃仁

面团配方 可做 4 个

材料	重量 /g	比例
中种部分		
高筋粉（王后日式吐司粉）	350	70.0%
鲜酵母	15	3.0%
水	175	35.0%
主面团其他 A 部分		
高筋粉（王后日式吐司粉）	150	30.0%
黑糖	70	14.0%
奶粉	20	4.0%
盐	9	1.8%
水	50	10.0%
黑糖浆	65	13.0%
鲁邦种	75	15.0%
主面团其他 B 部分		
黄油	30	6.0%
合计	**1009**	**201.8%**

制作过程

1 将中种材料倒入搅拌缸中，以慢速搅拌均匀后，以温度28℃、湿度75%发酵2~3小时，至2.5~3倍大，面团内部组织呈蜂窝状。

2 将中种面团与主面团其他材料A部分混合，慢速搅拌至无干粉后，转快速搅拌至扩展阶段。

3 加入软化黄油，慢速搅拌至完全阶段，此时面团温度26~28℃。

4 整理面团成表面光滑的球状，在温度28℃、湿度75%环境下进行基础发酵60分钟。

5 面团分割成240g/个，轻拍面团使大气泡排出。

6 将面团滚圆，整齐摆放。在基础发酵的环境下静置20分钟，至面筋松弛。

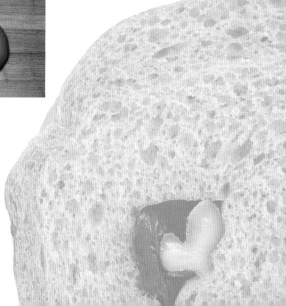

7 手拍面团排气，擀开，铺 20g 提子干、20g 核桃仁，卷起，割三条斜纹。

8 放入模具，在温度 32℃、湿度 78% 环境下最后发酵60分钟，至面团涨至八分满。

9 刷蛋奶液，送入预热好的烤炉中，以上火 180℃、下火 220℃ 烘烤 15~18分钟。出炉，轻振模具，倒出吐司放凉。

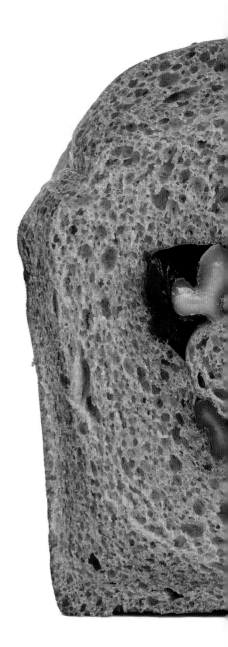

抹茶雷神吐司

烫种法

雷神是一款经典的软欧面包，其特点是墨西哥酱和酥菠萝的搭配，外观粗犷又优美。将雷神的特点搬到吐司上，使用 7.5cm 立方体小模具，口感和颜值令人回味。

基本工序

▽**面团搅拌** 材料以慢速、快速搅拌至扩展阶段，加入烫种、黄油慢速搅拌至完全阶段，出缸温度 26~28℃。

▽**基础发酵** 60 分钟。

▽**分割** 面团 100g。

▽**松弛发酵** 15 分钟。

▽**整形** 面团排气，压扁，包馅收圆，放入模具。

▽**最后发酵** 50 分钟，至九分满。

▽**装饰烘烤** 挤抹茶墨西哥酱，撒抹茶酥菠萝、蜜红豆，以上火 160℃、下火 220℃ 烘烤 14~16 分钟。

表面 抹茶墨西哥酱，抹茶酥菠萝，蜜红豆

内馅 奶酪馅，蜜红豆

面团配方 可做 10 个

材料	重量 /g	比例
A 部分		
高筋粉（王后柔风吐司粉）	500	100.0%
砂糖	50	10.0%
盐	8	1.6%
鲜酵母	23	4.6%
抹茶粉	12	2.4%
水	300	60.0%
淡奶油	50	10.0%
B 部分		
烫种	50	10.0%
黄油	40	8.0%
合计	**1033**	**206.6%**

制作过程

1 将面团材料A部分倒入搅拌缸中，以慢速搅拌至无干粉后，转快速搅拌至扩展阶段。

2 加入烫种、软化黄油，慢速搅拌至完全阶段，此时面团温度26~28℃。

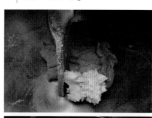

3 整理面团成表面光滑的球状，在温度28℃、湿度75%环境下进行基础发酵60分钟。

4 面团分割成100g/个，轻拍面团使大气泡排出。

5 将面团滚圆，整齐摆放。在基础发酵的环境下静置15分钟，至面筋松弛。

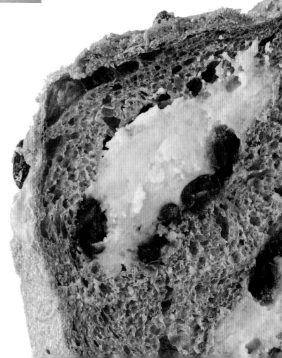

6 手拍面团将大气泡排出，压扁、翻面，每个包 30g 奶酪馅、适量蜜红豆，捏紧收口，揉成球形。

7 放入模具，在温度 32℃、湿度 78% 环境下最后发酵 50 分钟，至面团涨至九分满。

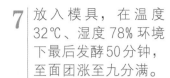

8 表面挤抹茶墨西哥酱，撒抹茶酥菠萝、蜜红豆。送入预热好的烤炉中，以上火 160℃、下火 220℃烘烤 14~16 分钟。出炉，轻振模具，倒出吐司放凉。

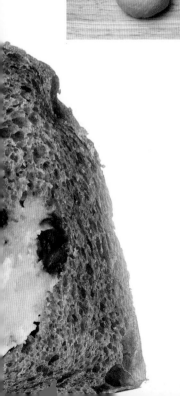

奶酪馅

材料	重量 /g
奶油奶酪	300
砂糖	20
合计	320

▼

制作方法
奶油软化，加砂糖搅拌均匀。

抹茶墨西哥酱

材料	重量 /g
黄油	100
糖粉	100
鸡蛋	100
低筋粉	90
抹茶粉	10
合计	400

▼

制作方法
黄油软化，加糖粉拌匀，分次加鸡蛋拌匀，加入低筋粉、抹茶粉拌匀。

抹茶酥菠萝

材料	重量 /g
黄油	100
砂糖	100
低筋粉	100
抹茶粉	5
合计	305

▼

制作方法
黄油软化，加砂糖拌匀，加入低筋粉、抹茶粉，搓拌成粒状。

巧克力雷神吐司

烫种法

模具
DS1920308

有馅

前面"抹茶雷神吐司"的巧克力版，能量更加充足。

基本工序

▽**面团搅拌** 材料以慢速、快速搅拌至扩展阶段，加入烫种、黄油慢速搅拌至完全阶段，出缸温度 26~28℃。

▽**基础发酵** 60 分钟。

▽**分割** 面团 100g。

▽**松弛发酵** 15 分钟。

▽**整形** 面团排气，压扁，包馅收圆，放入模具。

▽**最后发酵** 50 分钟，至九分满。

▽**装饰烘烤** 挤巧克力墨西哥酱，撒巧克力酥菠萝，以上火 170℃、下火 220℃烘烤 14~16 分钟。

表面	内馅	面团配方
巧克力墨西哥酱，巧克力酥菠萝	巧克力奶酪馅	可做 10 个

材料	重量 /g	比例
A 部分		
高筋粉（王后柔风吐司粉）	500	100.0%
砂糖	30	6.0%
盐	8	1.6%
鲜酵母	15	3.0%
深黑可可粉	10	2.0%
水	270	54.0%
淡奶油	50	10.0%
液种（波兰种）	50	10.0%
B 部分		
烫种	50	10.0%
黄油	40	8.0%
C 部分		
耐烤巧克力豆	100	20.0%
合计	**1123**	**224.6%**

制作过程

1 将面团材料A部分倒入搅拌缸中，以慢速搅拌至无干粉后，转快速搅拌至扩展阶段。

2 加入烫种、软化黄油，以慢速搅拌至完全阶段，加入耐烤巧克力豆拌匀，此时面团温度26~28℃。

3 整理面团成表面光滑的球状，在温度28℃、湿度75%环境下进行基础发酵60分钟。

4 面团分割成100g/个，轻拍面团使大气泡排出。

5 将面团滚圆，整齐摆放。在基础发酵的环境下静置15分钟，至面筋松弛。

6 手拍面团将大气泡排出，压扁、翻面，每个包30g巧克力奶酪馅，捏紧收口滚圆。

7 放入模具中，在温度 32℃、湿度 78% 环境下最后发酵 50 分钟，至面团涨至九分满。

8 在面团表面挤巧克力墨西哥酱、撒巧克力酥菠萝。送入预热好的烤炉中，以上火 170℃、下火 220℃烘烤 14~16 分钟。出炉，轻振模具，倒出吐司放凉。

巧克力奶酪馅

材料	重量 /g
牛奶	180
淡奶油	20
砂糖	40
奶油奶酪	40
低筋粉	14
可可粉	6
黄油	16
合计	316

▼ **制作方法**

1. 牛奶和淡奶油倒入小锅中，小火煮开，加砂糖、奶油奶酪煮至完全熔化，加入低筋粉、可可粉快速搅拌至表面有纹理。

2. 离火，加入黄油拌匀。

巧克力酥菠萝

材料	重量 /g
黄油	50
砂糖	50
低筋粉	110
深黑可可粉	10
合计	220

▼ **制作方法**

黄油软化，加砂糖拌匀后，加入低筋粉、深黑可可粉，搓拌成粒状。

巧克力墨西哥

材料	重量 /g
黄油	100
糖粉	100
鸡蛋	100
低筋粉	70
可可粉	20
合计	390

▼ **制作方法**

黄油软化,加糖粉拌匀,分次加鸡蛋拌匀,加低筋粉、可可粉拌匀。

抹茶梦龙吐司

烫种法

模具
SN2067
有馅

结合梦龙卷的特点，用巧克力表皮和面团相搭配，容易引发食欲。多种层次的吐司体由内而外口味一致，又包含多样的食材。

吐司在烤好放凉后淋酱，自然流落。

基本工序

▽**面团搅拌** 材料以慢速、快速搅拌至扩展阶段，加入烫种、黄油慢速搅拌至完全阶段，出缸温度 26~28℃。

▽**基础发酵** 60 分钟。

▽**分割** 面团 120g/ 个（2 个一组共 240g）。

▽**松弛发酵** 20 分钟。

▽**整形** 面团排气，擀开，包馅卷起，2 条编在一起，喷水，沾花生碎，放入模具。

▽**最后发酵** 50 分钟，至九分满。

▽**烘烤** 上火 170℃，下火 220℃，16~18 分钟。

▽**表面装饰** 淋酱。

面团配方 可做 4 个

内馅 奶酪馅，红豆奶酪馅

表面 花生碎，抹茶巧克力酱

材料	重量 /g	比例
A 部分		
高筋粉（王后柔风吐司粉）	500	100.0%
砂糖	50	10.0%
盐	8	1.6%
鲜酵母	23	4.6%
抹茶粉	12	2.4%
水	300	60.0%
淡奶油	50	10.0%
B 部分		
烫种	50	10.0%
黄油	40	8.0%
合计	**1033**	**206.6%**

制作过程

1 将面团材料A部分倒入搅拌缸中，以慢速搅拌至无干粉后，转快速搅拌至扩展阶段。

2 加入烫种、软化黄油，慢速搅拌至完全阶段，此时面团温度26~28℃。

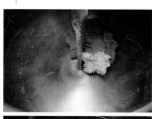

3 整理面团成表面光滑的球状，在温度28℃、湿度75%环境下进行基础发酵60分钟。

4 面团分割成120g/个，轻拍面团使大气泡排出。

5 将面团滚圆，整齐摆放。在基础发酵的环境下静置20分钟，至面筋松弛。

6 手拍面团将大气泡排出，擀开，翻面并压薄己侧，每个抹 30g 奶酪馅、铺适量红豆，卷起。

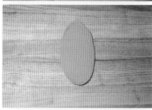

7 2 条整形好的面团编在一起，表面喷水，沾花生碎。

8 面团放入模具，在温度 32℃、湿度 78% 环境下最后发酵 50 分钟，至面团涨至九分满。

9 送入预热好的烤炉中，以上火 170℃、下火 220℃ 烘烤 16~18 分钟。出炉，轻振模具，倒出吐司放凉。

10 面包冷却后，在表面淋抹茶巧克力酱。

奶酪馅

材料	重量 /g
奶油奶酪	225
砂糖	15
合计	240

▼

制作方法

奶油软化，加砂糖搅拌均匀。

抹茶巧克力酱

材料	重量 /g
33.1% 嘉利宝白巧克力	240
抹茶粉	6
色拉油	29
合计	275

▼

制作方法

1. 白巧克力隔水融化，取少量倒入抹茶粉，用刮刀混合拌匀后，倒回混合。

2. 加入色拉油拌匀，降温至 40℃ 以下且呈流动状使用。

巧克力梦龙吐司

烫种法

模具
SN2067
有馅

前面"抹茶梦龙吐司"的巧克力版，巧克力味来自于面团里的可可粉、巧克力豆，以及内馅和淋酱。

基本工序

▽**面团搅拌** 材料以慢速、快速搅拌至扩展阶段，加入烫种、黄油慢速搅拌至完全阶段，出缸温度 26~28℃。

▽**基础发酵** 60 分钟。

▽**分割** 面团 120g/ 个（2 个一组共 240g）。

▽**松弛发酵** 20 分钟。

▽**整形** 面团排气，擀开，包馅卷起，2 条编在一起，喷水，沾榛子碎，放入模具。

▽**最后发酵** 50 分钟，至九分满。

▽**烘烤** 上火 170℃，下火 220℃，烘烤 16~18 分钟。

▽**表面装饰** 淋酱。

表面
榛子碎，巧克力酱

内馅
巧克力榛子酱，耐烤巧克力豆

面团配方
可做 4 个

材料	重量 /g	比例
A 部分		
高筋粉（王后柔风吐司粉）	500	100.0%
砂糖	30	6.0%
盐	8	1.6%
鲜酵母	15	3.0%
深黑可可粉	10	2.0%
水	270	54.0%
淡奶油	50	10.0%
波兰种	50	10.0%
B 部分		
烫种	50	10.0%
黄油	40	8.0%
C 部分		
耐烤巧克力豆	100	20.0%
合计	**1123**	**224.6%**

制作过程

1 将面团材料A部分倒入搅拌缸中，以慢速搅拌至无干粉后，转快速搅拌至扩展阶段。

2 加入烫种、软化黄油，慢速搅拌至完全阶段，加入耐烤巧克力豆拌匀，此时面团温度26~28℃。

3 整理面团成表面光滑的球状，在温度28℃、湿度75%环境下进行基础发酵60分钟。

4 面团分割成120g/个，轻拍面团使大气泡排出。

5 将面团滚圆，整齐摆放。在基础发酵的环境下静置20分钟，至面筋松弛。

6 手拍面团将大气泡排出，擀开，翻面并压薄己侧，每个抹一层巧克力榛子酱（市售成品），铺 30g 耐烤巧克力豆，卷起。

7 2 条整形好的面团编在一起，表面喷水，沾榛子碎。

8 放入模具，在温度 32℃、湿度 78% 环境下最后发酵 50 分钟，至面团涨至九分满。

9 送入预热好的烤炉中，以上火 170℃、下火 220℃烘烤 16~18 分钟。出炉，轻振模具，倒出吐司放凉。

10 在冷却后的面包表面淋巧克力酱。

巧克力淋酱

材料	重量 /g
54.5% 嘉利宝黑巧克力	216
色拉油	60
合计	**276**

▼
制作方法
黑巧克力隔水熔化，加入色拉油拌匀，降温至 40℃以下且呈流动状使用。

蟹蟹烧吐司

烫种法

模具 SN2067

有馅

咸口味，蛋白质丰富，来自大海的味道。

吐司涂抹乳酪酱和沙拉酱，进行复烤的时间不宜过长，以免水分损失过多。

基本工序

▽**面团搅拌** 材料以慢速、快速搅拌至扩展阶段，加入烫种、软化黄油慢速搅拌至完全阶段，出缸温度 26~28℃。

▽**基础发酵** 60 分钟。

▽**分割** 40g/ 个（6 个一组共 240g）。

▽**松弛发酵** 20 分钟。

▽**整形** 面团排气，包馅，6 个一组，放入模具。

▽**最后发酵** 50 分钟，至九分满。

▽**烘烤** 上火 180℃，下火 220℃，16~18 分钟。

▽**装饰复烤** 表面抹乳酪酱，以上火 230℃、下火 150℃烘烤 3~5 分钟。

材料	重量 /g	比例
A 部分		
高筋粉（王后柔风吐司粉）	500	100.0%
砂糖	40	8.0%
盐	10	2.0%
奶粉	15	3.0%
鲜酵母	20	4.0%
水	300	60.0%
淡奶油	50	10.0%
B 部分		
烫种	50	10.0%
黄油	50	10.0%
合计	**1035**	**207.0%**

表面 乳酪酱，沙拉酱（丘比），芝麻海苔碎

内馅 蟹肉馅

面团配方 可做 4 个

制作过程

1 将面团材料A部分倒入搅拌缸中,以慢速搅拌至无干粉后,转快速搅拌至扩展阶段。

2 加入烫种、软化黄油,慢速搅拌至完全阶段,此时面团温度26~28℃。

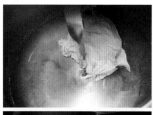

3 整理面团成表面光滑的球状,在温度28℃、湿度75%环境下进行基础发酵60分钟。

4 面团分割成40g/个,轻拍面团使大气泡排出。

5 将面团滚圆,整齐摆放。在基础发酵的环境下静置20分钟,至面筋松弛。

6 将面团轻拍排气并压扁,注意中间应稍厚一些,以免烘烤后馅料爆出。每个包入15g蟹肉馅,捏紧底口。

7 面团轻捏长，而后 6
个一组，放入模具。

8 在温度 32℃、湿度
78% 环境下最后发酵
50 分钟，至面团涨
至九分满。

9 送入预热好的烤炉
中，以上火 180℃、
下火 220℃烘烤 16~18
分钟。出炉，轻振模具，
倒出吐司放凉。

10 在上面抹一层乳酪酱，
挤沙拉酱，再送入烤
箱以上火 230℃、下
火 150℃ 复 烤 3~5
分钟。

11 吐司出炉后放凉，表
面撒一道芝麻海苔碎。

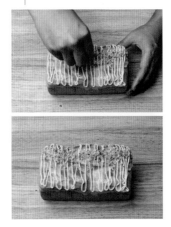

蟹肉馅

材料	重量 /g
蟹肉	270
胡椒粉	2.7
蒜粉	4.5
沙拉酱(丘比)	135
马苏里拉芝士	90
合计	502.2

▼
制作方法
所有材料搅拌均匀。

乳酪酱

材料	重量 /g
黄油	50
砂糖	15
淡奶油	50
芝士片	50
合计	165

▼
制作方法
黄油、砂糖、淡奶油
放入小锅中，以小火
加热熔化；加入芝士
片熔化，搅拌均匀。

蒜香芝士吐司

烫种法

模具
SN2067
有馅

　　"蒜香软法"是一款很受欢迎的软欧面包，这款吐司的想法来源于它。

　　面团配方中柔性材料较少，所以为了增大面包的含水量，强化口感，加入烫种，量较其他款多一些。烫种在面团搅拌的后期加入，所以，搅拌时要注意状态的把控，避免搅拌过度。

基本工序

▽**面团搅拌** 材料以慢速、快速搅拌至扩展阶段，加入烫种、黄油慢速搅拌至完全阶段，出缸温度 26~28℃。

▽**基础发酵** 60 分钟。

▽**分割** 面团 240g。

▽**松弛发酵** 20 分钟。

▽**整形** 面团排气，擀开，抹馅，卷起，沾芝士粉粒，放入模具。

▽**最后发酵** 60 分钟，至八分满。

▽**装饰烘烤** 割包，挤黄油，以上火 180℃、下火 220℃烘烤 16~18 分钟，出炉后撒香芹碎。

表面 芝士粉粒，黄油，香芹碎

内馅 蒜香土豆馅

面团配方 可做 4 个

材料	重量 /g	比例
A 部分		
高筋粉（王后柔风吐司粉）	500	100.0%
砂糖	50	10.0%
盐	10	2.0%
鲜酵母	18	3.6%
水	230	46.0%
牛奶	100	20.0%
B 部分		
烫种	75	15.0%
黄油	30	6.0%
合计	**1013**	**202.6%**

制作过程

1 将面团材料 A 部分倒入搅拌缸中，以慢速搅拌至无干粉后，转快速搅拌至扩展阶段。

2 加入烫种和软化黄油，慢速搅拌至完全阶段，此时面团温度 26~28℃。

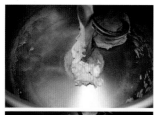

3 整理面团成表面光滑的球状，在温度 28℃、湿度 75% 环境下进行基础发酵 60 分钟。

4 面团分割成 240g/ 个，轻拍面团使大气泡排出。

5 双手将面团揉和滚圆，整齐摆放。在基础发酵的环境下静置 20 分钟，至面筋松弛。

6 手拍面团排气，擀开并压薄己侧，抹蒜香土豆馅，卷起。

7 面团表面喷水，沾芝士粒。

8 面团放入模具，在温度 32 ℃、湿度 78% 环境下最后发酵 60 分钟，至面团涨至八分满。

9 将面团表面正中割开，挤入软化黄油，送入预热好的烤炉中，以上火 180 ℃、下火 220 ℃烘烤 16~18 分钟。出炉，轻振模具，倒出吐司放凉后，中间撒香芹碎。

蒜香土豆馅

材料	重量 /g
土豆泥	300
蒜粉	10
胡椒粉	5
芝士碎	50
沙拉酱(丘比)	150
合计	515

▼
制作方法

1. 土豆蒸熟后去皮，压碎成土豆泥，放凉。

2. 蒜粉、胡椒粉、芝士碎和沙拉酱拌匀，加入土豆泥搅拌均匀（密封冷藏备用）。

海苔肉松吐司

直接法

肉松以内卷和外沾的形式与面包体结合，层次感明显。

作为单峰吐司，在擀卷时注意让面团的宽度比吐司盒宽小 3 ~ 4cm，这样烘烤后的样子会更漂亮。

刚出炉的吐司不建议直接抹沙拉酱，以免造成表皮皱缩。

基本工序

▽**面团搅拌** 材料以慢速、快速搅拌至扩展阶段，加入黄油慢速搅拌至完全阶段，出缸温度 26~28℃。

▽**基础发酵** 60 分钟。

▽**分割** 面团 240g。

▽**松弛发酵** 20 分钟。

▽**整形** 面团排气，擀开，铺馅，卷起，放入模具。

▽**最后发酵** 60 分钟，至九分满。

▽**烘烤** 上火 180℃，下火 220℃，16~18 分钟。

▽**表面装饰** 抹沙拉酱，铺海苔肉松。

表面
沙拉酱（丘比），海苔肉松

内馅
沙拉酱（丘比），海苔肉松

面团配方
可做 4 个

材料	重量 /g	比例
A 部分		
高筋粉（王后日式面包粉）	500	100.0%
砂糖	60	12.0%
盐	9	1.8%
鲜酵母	18	3.6%
奶粉	15	3.0%
水	300	60.0%
淡奶油	50	10.0%
炼乳	50	10.0%
B 部分		
黄油	50	10.0%
合计	**1052**	**210.4%**

制作过程

1 将面团材料A部分倒入搅拌缸中，以慢速搅拌至无干粉后，转快速搅拌至扩展阶段。

2 加入软化黄油慢速搅拌至完全阶段，此时面团温度26~28℃。

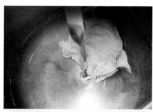

3 整理面团成表面光滑的球状，在温度28℃、湿度75%环境下进行基础发酵60分钟。

4 面团分割成240g/个，轻拍面团使大气泡排出。

5 双手将面团滚圆，整齐摆放。在基础发酵的环境下静置20分钟，至面筋松弛。

178

6 手拍面团排气，擀开，翻面并压薄己侧，抹一层沙拉酱，铺海苔肉松，卷起。

7 面团放入模具，在温度 32 ℃、湿度 78% 环境下最后发酵 60 分钟，至面团涨至九分满。

8 送入预热好的烤炉中，以上火 180℃、下火 220℃烘烤 16~18 分钟。出炉，轻振模具，倒出吐司放凉。

9 表面抹沙拉酱，铺海苔肉松。

奥利奥吐司

法式老面法

模具
SN2067
有馅

内馅和表面搭入奥利奥饼干元素，使这款吐司饶有趣味和风味。

面团配方使用了30%烘焙比的法式老面，可缩短基础发酵时间，增强面团膨胀力；同时，要注意把控法式老面的发酵状态，保证出品稳定。

基本工序

▽ **面团搅拌** 材料以慢速、快速搅拌至扩展阶段，加入黄油慢速搅拌至完全阶段，出缸温度 26~28℃。

▽ **基础发酵** 60 分钟。

▽ **分割** 面团 120g/ 个（2 个一组共 240g）。

▽ **松弛发酵** 20 分钟。

▽ **整形** 面团排气，擀开，抹馅，卷起，2 条编在一起，沾酥粒，放入模具。

▽ **最后发酵** 60 分钟，至八分满。

▽ **装饰烘烤** 放奥利奥小饼干，以上火 180℃、下火 220℃烘烤 16~18 分钟。

材料	重量 /g	比例
A 部分		
高筋粉（王后柔风吐司粉）	500	100.0%
砂糖	60	12.0%
盐	10	2.0%
奶粉	15	3.0%
鲜酵母	18	3.6%
水	275	55.0%
淡奶油	50	10.0%
炼乳	50	10.0%
法式老面	150	30.0%
B 部分		
黄油	50	10.0%
合计	**1178**	**235.6%**

表面 蛋液，酥粒，奥利奥小饼干

内馅 奥利奥奶酥馅

面团配方 可做 4 个（如按做法中的形二制作，可做 8 个，模具型号 DS1920308）

制作过程

1 将面团材料A部分倒入搅拌缸中，以慢速搅拌至无干粉后，转快速搅拌至扩展阶段。

2 加入软化黄油，慢速搅拌至完全阶段，此时面团温度26~28℃。

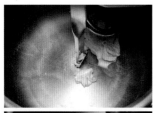

3 整理面团成表面光滑的球状，在温度28℃、湿度75%环境下进行基础发酵60分钟。

4 面团分割成120g/个，轻拍面团使大气泡排出。

5 将面团滚圆，整齐摆放。在基础发酵的环境下静置20分钟，至面筋松弛。

6 将面团排气，擀开，抹奥利奥奶酥馅后，卷起。

7 整形方法一：2 条整形好的面团编在一起。
整形方法二：将面团搓长，打死结，收圆。

10 送入预热好的烤炉中，以上火 180 ℃、下火 220 ℃ 烘烤 16~18 分钟。出炉，轻振模具，倒出吐司放凉。

形一

形二

奥利奥奶酥馅

材料	重量 /g
黄油	150
糖粉	75
鸡蛋	75
奶粉	150
奥利奥饼干碎	100
合计	550

▼

制作方法
软化黄油加入糖粉搅拌均匀，分次加入鸡蛋拌匀，加入剩余材料拌匀。

8 表面刷蛋液，沾巧克力酥粒。

形一

形二

9 放入模具，在温度 32℃、湿度 78% 环境下最后发酵 60 分钟，至面团涨至八分满。面团表面喷水，放奥利奥小饼干。

巧克力酥粒

材料	重量 /g
黄油	40
砂糖	60
可可粉	7.5
低筋粉	75
合计	182.5

▼

制作方法
软化黄油加入砂糖搅拌均匀，加入剩余材料拌匀。

形一

形二

焦糖苹果吐司

直接法

模具
SN2067
有馅

这款吐司的原型来自台湾的一位老师。本配方改换了面粉的牌号，王后柔风吐司粉在这里的展现毫不逊色于进口面粉。内馅也较原配方有所调整，使用焦糖卡仕达酱，搭配苹果后口感相互映衬，甜香而不腻。

基本工序

▽**准备工作** 苹果去皮、去籽，切片、块，以1%浓度盐水浸泡12小时。

▽**面团搅拌** 材料以慢速、快速搅拌至扩展阶段，加入软化黄油慢速搅拌至完全阶段，出缸温度26~28℃。

▽**基础发酵** 60分钟。

▽**分割** 55g/个（4个一组共220g）。

▽**松弛发酵** 15分钟。

▽**整形** 面团排气，挤焦糖卡仕达酱，放苹果块，包折，4个一组，放入模具。

▽**最后发酵** 60分钟，至九分满。

▽**装饰烘烤** 铺3~4片苹果片，以上火180℃、下火220℃烘烤16~18分钟。

▽**表面装饰** 撒开心果碎。

表面	内馅	面团配方
苹果片，开心果碎	焦糖卡仕达酱，苹果块	可做4个

材料	重量/g	比例
A部分		
高筋粉（王后柔风吐司粉）	450	100.0%
砂糖	90.7	20.2%
盐	5.1	1.1%
鲜酵母	15.2	3.4%
水	175.6	39.0%
鸡蛋	71.9	16.0%
淡奶油	45	10.0%
蜂蜜	13.8	3.1%
B部分		
黄油	45	10.0%
合计	**912.3**	**202.8%**

制作过程

1 面团材料A部分倒入搅拌缸中，以慢速搅拌至无干粉后，转快速搅拌至扩展阶段。

2 加入软化黄油，慢速搅拌至完全阶段，此时面团温度26~28℃。

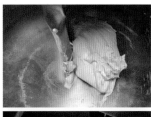

3 整理面团成表面光滑的球状，在温度28℃、湿度75%环境下进行基础发酵60分钟。

4 面团分割成55g/个，轻拍面团使大气泡排出。

5 将面团滚圆，整齐摆放。在基础发酵的环境下静置15分钟，至面筋松弛。

6 手拍面团排气，擀开成中间厚、两侧薄的方形面皮，放2个苹果块，中间挤25g焦糖卡仕达酱，上下两侧收起、压紧，翻面。

7 4个一组（上下层各2个）放入模具。在温度32℃、湿度78%环境下最后发酵60分钟，至面团涨至九分满。

8 在表面铺3~4片苹果，送入预热好的烤炉中，以上火180℃、下火220℃烘烤16~18分钟。出炉，轻振模具，倒出吐司稍放凉，中间撒少许开心果碎。

焦糖卡仕达酱

材料	重量 /g
A 部分	
砂糖	75
水	30
淡奶油	75
盐	3
B 部分	
牛奶	500
砂糖	100
蛋黄	80
低筋粉	20
玉米淀粉	20
黄油	50
合计	**953**

▼

制作方法

1. 将材料A部分中的盐倒入淡奶油，加热至熔化备用。

2. 砂糖与水加热煮至金褐色、冒泡后，将上一步成品倒入拌匀。

3. 将材料B蛋黄中加入砂糖，打发到发白，加入低筋粉、玉米淀粉搅拌均匀。

4. 牛奶煮至沸腾后，倒入上一步成品中。

5. 按照5：1的比例加入步骤2成品，小火一边加热一边搅拌，至浓稠。

6. 加入黄油拌匀。

肉桂葡萄吐司

模具
DS1920219

有馅

直接法

黑糖衬托肉桂，使面团的香味更加深厚。

提前冲泡的黑糖水放凉后会有少量水分损失，在搅拌面团时注意调整用水的使用。

基本工序

▽ **搅拌准备** 热水冲入黑糖，搅匀放凉。

▽ **面团搅拌** 材料以慢速、快速搅拌至扩展阶段，加入黄油慢速搅拌至完全阶段，出缸温度 26~28℃。

▽ **基础发酵** 60 分钟。

▽ **分割** 面团 240g。

▽ **松弛发酵** 20 分钟。

▽ **整形** 面团排气，擀开，铺黑糖粉、酒渍提子干，卷起，放入模具。

▽ **最后发酵** 60 分钟，至九分满。

▽ **装饰烘烤** 刷蛋奶液，撒一道肉桂糖，以上火 180℃、下火 220℃烘烤 16~18 分钟。

材料	重量 /g	比例
A 部分		
黑糖（或红糖）	75	15.0%
热水	150	30.0%
B 部分		
高筋粉（王后柔风吐司粉）	500	100.0%
奶粉	20	4.0%
盐	9	1.8%
鲜酵母	17.5	3.5%
肉桂粉	2.5	0.5%
水	170	34.0%
淡奶油	50	10.0%
C 部分		
黄油	40	8.0%
合计	1034	206.8%

表面 蛋奶液，肉桂糖

内馅 黑糖粉，酒渍提子干

面团配方 可做 4 个

扫码即看
本款制作全程演示

1 │ 将面团材料 A 部分热水
冲入黑糖，搅匀放凉。

2 │ 面团材料 B 部分倒入
搅拌缸中，加入黑糖
水，以慢速搅拌至无
干粉后，转快速搅拌
至扩展阶段。

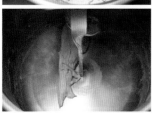

3 │ 加入软化黄油，慢
速搅拌至完全阶
段，此时面团温度
26~28℃。

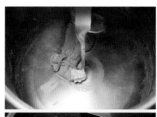

4 │ 整理面团成表面光
滑的球状，在温度
28℃、湿度 75% 环境
下进行基础发酵 60
分钟。

5 │ 面团分割成240g/个，
轻拍面团使大气泡
排出。

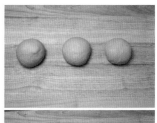

6 │ 将面团滚圆，整齐摆
放。在基础发酵的环
境下静置 20 分钟，至
面筋松弛。

7 手拍面团将大气泡排出后擀开，翻面、压薄己侧后铺撒 15g 黑糖粉、20g 酒渍提子干，卷起。

9 表面刷蛋奶液，撒一道肉桂糖。送入预热好的烤炉中，以上火 180℃、下火 220℃ 烘烤 16~18 分钟。出炉，轻振模具，倒出吐司放凉。

8 放入模具，在温度 32℃、湿度 78% 环境下最后发酵 60 分钟，至面团涨至九分满。

肉桂糖

材料	重量 /g
砂糖	50
肉桂粉	3
合计	53

▼

制作方法
混合均匀。

酒渍提子干

材料	重量 /g
提子干	80
红酒	8
合计	88

▼

制作方法
混合均匀,放置 24 小时。

酸奶菠萝吐司

直接法

模具
DS1920219

有馅

酸酸甜甜，小孩最爱。一款有益于消化吸收的吐司，因为酸奶中的成分已经过分解，没有乳糖不耐受的问题，而菠萝有助于人体对蛋白质的吸收。

面团配方中液体比例较低，黄油在搅拌面团的初期加入。面团搅拌的程度不宜太过，达到九分筋即可。

基本工序

▽ **面团搅拌** 材料以慢速、快速搅拌至完全阶段，出缸温度 25~26℃。

▽ **基础发酵** 30 分钟。

▽ **分割** 面团 80g/ 个（3 个一组共 240g）。

▽ **松弛发酵** 20 分钟。

▽ **整形** 面团排气，压扁，挤酸奶酱，放菠萝块，收紧底口，3 个一组放入一个模具。

▽ **最后发酵** 60 分钟，至九分满。

▽ **装饰烘烤** 挤椰蓉皮酱，撒糖粉，以上火 170℃、下火 220℃烘烤 16~18 分钟。

材料	重量 /g	比例
高筋粉（王后柔风吐司粉）	500	100.0%
砂糖	50	10.0%
干酵母	6.5	1.3%
盐	6	1.2%
奶粉	20	4.0%
牛奶	300	60.0%
鸡蛋	50	10.0%
黄油	75	15.0%
合计	**1007.5**	**201.5%**

表面 椰蓉皮酱，防潮糖粉

内馅 酸奶酱，菠萝块

面团配方 可做 4 个

制作过程

1 将面团材料倒入搅拌缸中，以慢速搅拌至无干粉后，转快速搅拌至完全阶段，此时面团温度25~26℃。

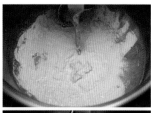

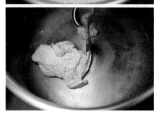

2 整理面团成表面光滑的球状，在温度28℃、湿度75%环境下进行基础发酵30分钟。

3 面团分割成80g/个，轻拍面团使大气泡排出。

4 将面团滚圆，整齐摆放。在基础发酵的环境下静置20分钟，至面筋松弛。

5 手拍面团将大气泡排出后压扁，挤15g酸奶酱，放2块菠萝块，收紧底口。

6 将面团轻捏长，而后3个一组放入模具中。

7 在温度32℃、湿度78%环境下最后发酵60分钟，至面团涨至模具九分满。

8 面团表面挤一层椰蓉皮酱，撒一层防潮糖粉，送入预热好的烤炉中，以上火170℃、下火220℃烘烤16~18分钟。出炉，轻振模具，倒出吐司放置在晾网上。撒薄薄一层防潮糖粉，放凉。

酸奶酱

材料	重量/g
牛奶	150
酸奶	100
砂糖	50
奶油奶酪	50
低筋粉	25
黄油	20
合计	395

▼
制作方法

1. 牛奶、酸奶混合煮开后加入砂糖，再次煮开后分次加入奶油奶酪，待其完全溶化均匀后加入低筋粉搅拌，小火熬至纹理缓慢消散后离火。

2. 加入黄油拌匀。

椰蓉皮酱

材料	重量/g
鸡蛋	45
砂糖	45
色拉油	117
椰蓉	30
合计	237

▼
制作方法

鸡蛋加入砂糖、色拉油拌匀后，加入椰蓉拌匀。

抹茶千层吐司

折叠法

模具
SN2066
有馅

　　一款在日本十分畅销的吐司，原配方使用的是日本产高筋粉和法式面包粉，调整后的本配方选择了国内容易买到的两种面粉，两种面粉的搭配比例也作了相应调整，目的在于降低混合粉的蛋白质比例，增加一些小麦的风味，这样在面团擀折时也相对容易一些。

　　折入的片状黄油分量较多，成品吐司的蜂窝气孔会更丰富。内馅采用抹茶杏仁酱，拿掉了原配方中的红豆，口感不腻，层次感不减。

基本工序

▽ **面团搅拌** 材料以慢速、快速搅拌至近扩展阶段，出缸温度 25~26℃。

▽ **面团冷冻** 40~50 分钟。

▽ **裹油折叠** 三折 3 次。

▽ **整形** 擀成 30cm×40cm 长方形，均等分成两份，擀开，抹馅卷起，对切，编辫，放入模具。

▽ **最后发酵** 90 分钟，至八分满。

▽ **装饰烘烤** 刷蛋奶液，以上火 190℃、下火 220℃烘烤 22~25 分钟。

表面	内馅	面团配方
蛋奶液	抹茶杏仁酱	可做 2 个

材料	重量 /g	比例
A 部分		
高筋粉（王后柔风吐司粉）	250	50.0%
法国粉（伯爵 T65）	250	50.0%
砂糖	30	6.0%
盐	10.5	2.1%
低糖干酵母	5	1.0%
水	82.7	16.5%
牛奶	200	40.0%
麦芽精	1.5	0.3%
黄油	25	5.0%
B 部分		
片状黄油	300	60.0%
合计	**1154.7**	**230.9%**

制作过程

1 将面团材料 A 部分倒入搅拌缸中，以慢速搅拌至无干粉后，转快速搅拌至近扩展阶段，此时面团温度 25~26℃。

2 整理面团成表面光滑的球状，压"十"字，擀平，保鲜膜包好，冷冻 40~50 分钟。

3 片状黄油敲薄，擀平。

4 擀开冷冻后的面团，放片状黄油，包裹。

5 擀长至 62cm，转向，三折。

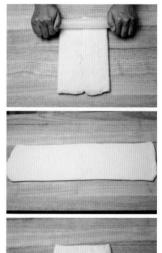

6 冷藏松弛 15 分钟后，重复上一步，即进行第 2 次三折。

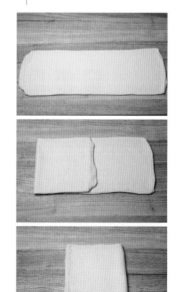

7 依次完成3次三折后，擀成30cm×40cm长方形，冷藏30分钟。

8 面皮均分成两块，各擀成25cm×30cm长方形，抹抹茶杏仁酱，卷起。

9 将一条面团对切，编两股辫。

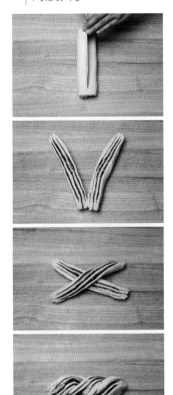

10 放入模具中，在温度30℃、湿度78%环境下最后发酵90分钟，至面团涨至八分满。

11 刷蛋奶液，送入预热好的烤炉中，以上火190℃，下火220℃，烘烤22~25分钟。出炉，轻振模具，倒出吐司放凉。

抹茶杏仁酱

材料	重量/g
杏仁膏	150
牛奶	25
抹茶粉	5
合计	180

制作方法
混合搅拌均匀。

巧克力款

飓风吐司·巧克力款/抹茶款

折叠法

模具
DS1920308

有馅

抹茶款

起酥小吐司，通过简单的变化就可以有两种口味，都有浓郁的风味。

面团配方中液体占比较低，因此黄油可提前加入搅拌，同时注意面团状态的把控。

在擀折的过程中，会铺撒耐烤巧克力豆（巧克力款）或红豆（抹茶款）后再擀压，这对面筋强度、面团膨胀力有一定的影响，因此配方中适当提高了酵母的用量，以缩短最后发酵的时间。

基本工序

▽**面团搅拌** 材料以慢速、快速搅拌至近扩展状态，出缸温度25~26℃。

▽**面团冷冻** 40~50分钟。

▽**裹油折叠** 四折1次，擀开，抹铺内馅材料，三折1次。

▽**整形** 擀成宽20cm、厚1cm的长方形，分割，卷起，放入模具。

▽**最后发酵** 90分钟，至九分满。

▽**烘烤** 上火190℃，下火220℃，18~20分钟。

抹茶款

巧克力款

内馅 奶酪馅，蜜红豆。

面团配方 可做6个

内馅 巧克力榛子酱，耐烤巧克力豆。

面团配方 可做6个

材料	重量/g	比例
A 部分		
高筋粉（王后硬红）	400	80.0%
低筋粉（王后精制）	100	20.0%
砂糖	50	10.0%
盐	10	2.0%
鲜酵母	50	10.0%
可可粉（巧克力款专用）	30	6.0%
抹茶粉（抹茶款专用）	10	2.0%
水	300	60.0%
黄油	25	5.0%
B 部分		
片状黄油	250	50%
合计（巧克力款）	1215	243.0%
合计（抹茶款）	1195	239.0%

1 将面团材料 A 部分倒入搅拌缸中，以慢速搅拌至无干粉后，转快速搅拌至面筋近扩展状态，此时面团温度 25~26℃。

2 整理面团成表面光滑的球状，压"十"字，再擀平，以保鲜膜包好，冷冻 40~50 分钟。

3 片状黄油敲薄，擀平。

4 擀开冷冻后的面团，放片状黄油，两边折起包好。

5 擀长至 84cm。

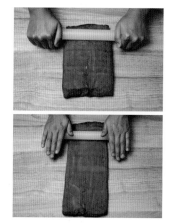

6 转向，先将左边 3/4 对折，再将右边 1/4 对折，再整体对折，完成四折效果。

7 冷藏松弛 15 分钟后，擀长至 63cm。

8 转向，加馅料：巧克力款抹巧克力榛子酱（市售成品），铺耐烤巧克力豆；抹茶款抹奶酪馅，铺蜜红豆。

巧克力款

抹茶款

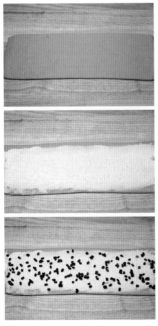

9 三折。

10-1 整形方法1：擀成厚1cm、宽20cm、长约36cm的长方体，在长边上按6cm/条分割，卷起。

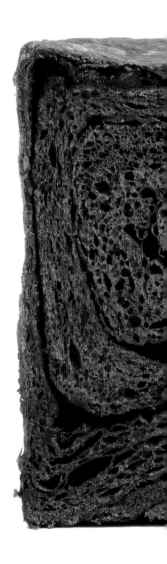

10-2 整形方法2：擀成厚1cm、宽20cm、长约36cm的长方体，在长边上按2cm/条分割，每3条编在一起，卷起。

11 放入模具，在温度30℃、湿度78%环境下最后发酵90分钟，至面团涨至九分满。

巧克力款

抹茶款

12 送入预热好的烤炉中，以上火190℃、下火220℃烘烤18~20分钟。出炉，轻振模具，倒出吐司放凉。

扫码即看
三股辫编法演示视频

奶酪馅

材料	重量 /g
奶油奶酪	180
砂糖	20
合计	**200**

▼

制作方法

混合搅拌均匀。

粉色佳人吐司

液种法 + 折叠法

火龙果面团和酥皮面团的搭配，使得这款吐司更有神秘感。

在外围的酥皮层擀制时厚度尽量保持一致，且在包裹内层火龙果面团时不要太紧，应为内层面团的发酵膨胀留有一定余地，避免最终发酵后吐司侧边酥皮过薄，在烘烤中裂开。

红心火龙果含有的花青素较多但不稳定，因此火龙果面团烘烤后易氧化褪色，这是一种正常的现象。

基本工序

▽ **火龙果面团搅拌** 材料以慢速、快速搅拌至扩展阶段，加入黄油慢速搅拌至完全阶段，拌入蔓越莓干，出缸温度 26~28℃。

▽ **酥皮面团搅拌、折叠** 材料以慢速、快速搅拌至近扩展阶段，出缸温度 25~26℃，冷冻 40~50 分钟，裹油四折 2 次后冷藏。

▽ **火龙果面团基础发酵** 60 分钟。

▽ **火龙果面团分割** 面团 200g。

▽ **火龙果面团松弛发酵** 20 分钟。

▽ **面团整形** 面团火龙果排气，擀开，挤馅，卷起，包覆酥皮，放入模具。

▽ **最后发酵** 60 分钟，至八分满。

▽ **表面烘烤** 刷全蛋液，以上火 190℃、下火 220℃烘烤 20~22 分钟。

表面	内馅	面团配方
蛋液	奶酥馅	可做 4 个

火龙果面团配方

材料	重量 /g	比例
A 部分		
高筋粉（王后柔风吐司粉）	334	100.0%
砂糖	26	7.8%
酵母	4	1.2%
盐	5	1.5%
火龙果泥	182	54.5%
牛奶	80	24.0%
波兰种	88	26.4%
B 部分		
黄油	26	7.8%
C 部分		
酒渍蔓越莓干	60	18.0%
合计	805	241.2%

酥皮面团配方

材料	重量 /g	比例
A 部分		
高筋粉（王后硬红）	240	80.0%
低筋粉（王后精制）	60	20.0%
砂糖	45	15.0%
盐	4.5	1.5%
奶粉	9	3.0%
酵母	5	1.7%
鸡蛋	45	15.0%
水	125	41.7%
黄油	30	10.0%
B 部分		
片状黄油	150	50.0%
合计	713.5	237.9%

制作过程

1 将火龙果面团材料A部分倒入搅拌缸中，以慢速搅拌至无干粉后，转快速搅拌至扩展阶段。

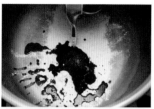

2 加入软化黄油慢速搅拌至完全阶段，加入酒渍蔓越莓干搅拌均匀，此时面团温度26~28℃。

3 整理面团成表面光滑的球状，在温度28℃、湿度75%环境下进行基础发酵60分钟。

4 将酥皮面团材料A部分倒入搅拌缸中，以慢速搅拌至无干粉后，转快速搅拌至近扩展阶段，冷冻40~50分钟，裹油四折2次后冷藏备用。（此过程与第198页"抹茶千层吐司"步骤1~7类似，其中四折方法见第202页步骤6。）

5 将火龙果面团分割成200g/个，轻拍面团使大气泡排出。

6 将面团滚圆，整齐摆放。在基础发酵的环境下静置20分钟，至面筋松弛。

7 手拍面团排气，擀开，挤一条奶酥馅，卷起。

8 将酥皮面团擀成 4mm 厚，切成 4 条，摆放整齐，将擀卷好的火龙果面团收口朝上放在上面，轻轻包裹好。

10 表面刷蛋液，送入预热好的烤炉中，以上火 190 ℃、下火 220 ℃ 烘烤 20~22 分钟。出炉，轻振模具，倒出吐司放凉。

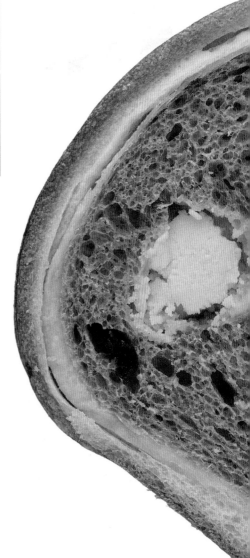

9 面团放入模具，在温度 30 ℃、湿度 78% 环境下最后发酵 60 分钟，至面团涨至九分满。

奶酥馅

材料	重量 /g
黄油	106
糖粉	72
鸡蛋	72
奶粉	150
合计	400

制作方法
软化黄油加糖粉拌匀，分次加入鸡蛋拌匀，加入奶粉拌匀。

玫瑰蜜豆跳箱吐司

直接法

模具
DS2020214
有馅

采用了双色面团法，通过带色面团包裹原色面团，让吐司成品颜值更高、更具神秘感。
使用跳箱形模具，注意最后发酵完成的状态把控。

基本工序

▽**面团搅拌** 材料以慢速、快速搅拌至扩展状态，加入黄油搅拌至完全，分出600g面团，其余面团加入火龙果粉、玫瑰花干慢速搅拌均匀。

▽**基础发酵** 50分钟。

▽**分割** 紫色面团80g/个，5个共400g；白色面团120g/个，5个共600g。

▽**松弛发酵** 20分钟。

▽**整形** 白色面团擀长，翻面，抹红豆玫瑰馅，卷起，外层包裹紫色面皮，放入模具。

▽**最后发酵** 40分钟，至八分满。

▽**烘烤** 上火170℃，下火150℃，14~16分钟。

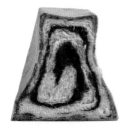

内馅 红豆玫瑰馅

面团配方 可做5个

材料	重量/g	比例
A 部分		
吐司粉（王后柔风）	500	100.0%
砂糖	50	10.0%
鲜酵母	15	3.0%
盐	8	1.6%
奶粉	15	3.0%
水	250	50.0%
鸡蛋	50	10.0%
淡奶油	50	10.0%
B 部分		
黄油	50	10.0%
C 部分		
火龙果粉	4	0.8%
水	10	2.0%
玫瑰花干	6	1.2%
合计	**1008**	**201.6%**

制作过程

1 面团材料倒入搅拌缸中，以慢速搅拌至无干粉后，转快速搅拌至扩展阶段。

2 加入软化黄油，慢速搅拌至完全阶段，此时面团温度26~28℃。

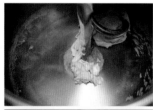

3 分割出600g面团，收圆。

4 将其余面团丢入搅拌缸中，放入4g火龙果粉、10g水，搅拌均匀后，放入6g玫瑰花干，慢速搅拌均匀。

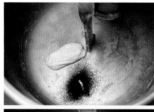

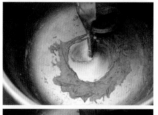

5 整理面团成表面光滑的球状，在温度28℃、湿度75%的环境下进行基础发酵50分钟。

6 紫色面团分割成80g/个，白色面团分割成120g/个，轻拍面团至大气泡排出，将面团滚圆，在基础发酵的环境下静置20分钟，至面筋松弛。

7 将白色面团收成柱形，擀长，翻面，抹 60g 红豆玫瑰馅，卷起。

8 将紫色面团擀成长方形面皮，将卷好的白色面团收口朝上放在紫色面皮上，紫色面皮包裹住白色面团。

9 在温度 32 ℃、湿度 78% 的环境下最后发酵 40 分钟，至面团涨至模具八分满。

10 加盖，以上火 170℃、下火 150℃ 烘烤 14~16 分钟。出炉后，轻振模具，送出吐司放置在晾网上。用市售数字模加热后在吐司侧面烙上数字。

红豆玫瑰馅

材料	重量 /g
红豆	103
水	290
淡奶油	49
黄油	16
砂糖	10
玫瑰酱	10
玫瑰花干	5
合计	483

▼

制作方法
红豆加水煮熟后，加入淡奶油、黄油、砂糖炒干，加入玫瑰酱、玫瑰花干拌匀。

Ashton®
美国品牌·阿诗顿

子石老师推荐 ，阿诗顿厨师机

7升大容量，直流静音厨师机

推荐理由/ ·揉面量大,最多可揉3.5公斤面团或1.5公斤高筋面粉；·声音轻,最低揉面声音仅40分贝；·出膜快,几乎不挑配方,12分钟快速出膜；·家用/商用皆可,长时间连续工作机器不发烫；·高密度打蛋笼设计,可细腻打发,蛋白霜绵密丝滑；·多功能拓展接口,可绞肉/自制香肠/压面皮/切面条等,丰富您的私房菜谱。

本书读者享受阿诗顿特价优惠：
·凡本书读者以新客户身份咨询客服,即可领取100元优惠券（同时享受店铺原有活动价）。
·凡报"子石老师推荐"加阿诗顿微信hantang213,享受线下团购价。

·本产品天猫、京东等各大电商平台有售（搜索关键词"阿诗顿厨师机"）

扫一扫添加阿诗顿微信号
获取更大的优惠